教育部《全日制义务教育语文课程标准》推荐书目

·全新版·

语文新课标必读丛书

中外科普文学作品选

New Chinese Course Standard

陈伯吹等/著

李静/选编

上海人民美術出版社

图书在版编目(CIP)数据
中外科普文学作品选/陈伯吹等著.李静选编.—上海:上海人民美术出版社,2008
(语文新课标必读丛书)
ISBN 978-7-5322-5798-0

I.中… II.①陈…②李… III.科学文艺-作品集-世界 IV.I11

中国版本图书馆CIP数据核字(2008)第082311号

中外科普文学作品选

陈伯吹等/著　李　静/选编
插图绘画/咕咕鸟　洛可可　西瓜糖
策划编辑/吕　进　许　莹
责任编辑/张琳海　周　杰
装帧设计/刘　霜　美术编辑/安　红
出版发行/上海人民美術出版社
经销/全国新华书店
印刷/山东新华印刷厂临沂厂
开本/880×1230　1/32　8.5印张　插图16P
版次/2008年7月第1版第1次印刷
印数/1-20000册
书号/ISBN 978-7-5322-5798-0
定价/12.00元

策划/海豚传媒股份有限公司
网址/www.dolphinmedia.cn　邮箱/dolphinmedia@vip.163.com
海豚传媒常年法律顾问/湖北珞珈律师事务所王清博士　电话/027-68754624

全新版·语文新课标必读丛书

编 委 会

New Chinese Course Standard

序言

金波

始于新世纪之初的基础教育课程改革，行进到现在已经七年有余。这次改革中，课程目标是从知识和技能、过程和方法、情感态度价值观三个维度进行设计，力图构建出一个以“为了中华民族的复兴，为了每位学生的发展”为培养目标的蓝图。在这次改革中，对于曾承受了种种诟病的当代语文教育来说，震撼最大，痛苦最大，同时也是收获最大。

也就是在这段时间里，我有幸被教育部聘为国家教材审定委员会语文审查委员。这是我人生的一段重要经历。我从事儿童文学创作，在长达半个世纪的时间里，一直认为是语文课和课外阅读培养了我的文学兴趣，给我的文学创作打下了基础；同时，我的儿童文学创作又与语文教学有着密切的关系，那些被选入教材的经典作品，一直是我文学创作的标杆。

我是以一个儿童文学作家的身份参加了教材审查工作。我以一种绝对的笃诚态度，一面工作，一面学习，向语文教育专家学习，向长期在教学第一线的教师学习。在工作实践中，我更加体会到，语文课作为一门基础课，它让人受用一生。我也为语文教育的改革和发展忻然意动，引发着我深入思考，检视着语文教学和课外阅读的关系。

细心的人们会注意到，在这次语文课程改革中，阅读被提到了一个极其重要的地位。阅读，从来都是关涉中小学生语文素养的重要行为之一。学生时代的阅读一般分为课内阅读和课外阅读。课内阅读是在老师引领下的学习行为，而课外阅读是学生们的个人阅读行为。教育学家和文学家吕叔湘先生在上个世纪 70 年代就一再强调课外阅读对于提高孩子语文素质的重要性，他认为，一个孩子的语文水平如何，多半源于课外阅读的质量如何。

与课内阅读相比较，课外阅读往往更自由，更宽泛，也更有乐趣。更多的人可以在这一片天空中采撷到属于自己的精神云朵，找到“真正属于自己的那本书”，找到自己所渴望的人生暖意的所在。

也因此，在这次新课改中，《语文课程标准》设置“诵读篇目和课外读物的建议”部分，实际上就是对中小学生个人阅读的新的观照。此举是希望学生通过阅读“新课标”推荐的传统经典书目，来感知外界、唤醒自我，促成个人价值观、创造力的生发。我们也期待，通过这种纯正的经典文学阅读，每一个学生都能够在自己心中立起一个精神标杆，进而形成独立自主的文学、美学乃至精神世界的建构。

正是基于以上的考虑，我们组织了各路学者和专家，包括当代著名的作家、翻译家、评论家、阅读推广专家、语文教育研究学者、名校校长、特级教师等等，根据教育部颁布的最新课程标准中有关建议，并吸收了一些权威学者最新的青少年阅读研究成果和阅读书目的推荐意见，精心编撰了这套《全新版·语文新课标必读丛书》。

本丛书经过周到的考量和严格的遴选，最终选定了学生必背古诗词、神话寓言故事、中外儿童文学、历史故事、科普文学、中国古典小说、中外文学名著、中外知名作家作品选等各种类别的必读书目共55册，按小学部分、初中部分、高中部分分辑推出。

这套丛书选目齐全，选本精良。有些针对小学生和初中生等不同年龄层次而编选的儿童文学名家作品的精品读本，如《宝船——老舍儿童文学作品选》《小桔灯——冰心儿童文学作品选》，充分照顾到了青少年的阅读特点和阅读兴趣。

与其他“新课标”读本相比，本丛书加重了青少年阅读中的诗歌部分。除小、初、高必背古诗文外，此次增加了《中外儿童诗精选》《中国新诗精选》《泰戈尔诗选》《普希金诗选》等诗歌读本。我一直这样认为，诗意是少年儿童精神世界的一种理想状态。读诗不是一般的消遣，它可以让读者在纯正的文学趣味中，获得阅读的审美快感和滋养，那种如同音乐拨动心弦般的感动，那种属于绘画情景交融似的意境，那种如歌如舞让情感陶陶然的共鸣，都让我们体验到读诗有别于读其他文学样式的差异。著名美学家朱光潜先生曾经说过：“要养成纯正的文学趣味，我们最好从读诗入手。能欣赏诗，自然能欣赏小说、戏剧及其他种类文学。”我们希望，通过对这些优美诗歌名篇和诗歌大师的作品的阅读，能够使我国千百年来美好和丰厚的“诗教”传统得以继续发扬和传承；让青少年从小就接触这种优美和高雅的文学形式，提高他们感知人类情感的能力，培养出最纯正、最优雅的文学趣味。也只有这样，文学教育才能得以实施和推行。

特别需要一提的是，这套丛书为中小学生提供了一个开阔和开放的阅读向度。55册必读的“经典书目”，在浩瀚的人类文明长河中也仅是数点星光。为了拓展学生的阅读视野，感受阅读魅力，我们在每一本书的导读中，加入了一个“相关作品推介”的板块，即以一本书为原点，再延伸出与本书或与本书作者有关的、适合于深度阅读的一些推荐书目。以《宝船——老舍儿童文学作品选》为例，在“相关作品推介”板块里，又推荐了老舍先生的长篇小说名著《四世同堂》，老舍散文集《抬头见喜》，作家传记《小说家老舍》，以及一本论述老舍幽默艺术的《老舍幽默论》等。这样不仅为青少年全方位了解作家老舍提供了一份阅读线索，也希望借此方式来激发孩子们的阅读兴趣。

为了贴近中小学生的阅读方式，增强文字阅读中的视觉愉悦性，我们特别为每一本书都配上了风格清新的文学插图。我们希望，少年儿童朋友们在读到一首诗、读完一篇小说、读完一篇童话和散文，或者在欣赏到一幅美丽插图的同时，也会同时领悟到如何看待人生，如何看待人生之可爱，进而明白那些崇高的、美好的、真诚的思想与感情究竟美在何处。这，其实也就是一个人的“个人阅读史”的建立过程。

个人的阅读史，往往也是个人的“精神成长史”。我们用双眼看到的文字，我们用双手触摸过的纸张，有足够的力量变成一个无限大的世界，既是微观的又是宏观的，能折射出个人内心的光芒。如果说，牙牙学语时，母亲讲述的故事（亲子阅读）是个人阅读史的第一步，那么，学生时代的课外阅读就是个人阅读史的第二步。它是自发自觉的，是以个人自身感到了对阅读的渴望为前提的。因此，在这一阶段，“读什么”变得尤为重要。

今天的这一代少年儿童所面对的阅读选择是多元的。仅就纸质图书的种类来看也非常多元化，卡通漫画、通俗小说、明星写真、绘本故事、网络文学等等，都在争夺着孩子们那十分有限的一点课外阅读时间。也因此，当下的少年阅读出现了一种远离经典的趋势。

我们并不一味地反对轻松、快乐的流行阅读。但我们更希望青少年在选择自己的阅读方向时，能根据自己的年龄特征、心理特征和审美趣味，建立一种良好的阅读心理秩序，能保持经典文学的永恒的选择尺度。这是因为，只有纯正的经典阅读，才可能打造出一个人坚实和宽广的精神世界的基础，才可能引领你朝着崇高、美好和完整的精神史的方向走去。挪威儿童文学家，《苏菲的选择》的作者乔斯坦·贾德曾说：如果我有一个梦想，那就是期待将来有一天，阅读对于孩子们来说，就像我们每天要刷牙一样不可缺少；牙齿卫生固然很重要，但作为成年人，作为父母亲一代，我们更应该对后一代人的“精神卫生”担负起责任来。他认为，与那些“电子毒贩子”利用孩子们天赋的好奇心和喜欢玩耍游戏的需要，剥夺了他们的想象力与自发的活跃性相比，如果父母能帮助孩子们选择出更多的文学童书，那才是真正的献给孩子们的“温暖之源”。

我记得叶圣陶先生在谈到语文教学时，说过这样的话：“语文教材无非是例子，凭这个例子要使学生能够举一反三，练成阅读和作文的熟练技能。”自《语文课程标准》公布以来，不少富于敬业精神、有才干的老师，在他们的阅读课堂中，担当起阅读教育的重担。他们在严谨的选材中，利用优秀的文学资源，向学生推介了大量优秀的图书，实施了以“练成阅读和作文的熟练技能”为重要内容的阅读教育。我相信这种阅读教育，必然会培养起学生纯正的文学趣味，必然会促进主流阅读趋势的形成，必然会让学生从知识和技能、过程和方法、情感态度价值观等多方面有较大的收获。这也是我们编辑出版这套丛书的初衷。

（金波：国家教材审定委员会语文审查委员，著名儿童文学作家、评论家，首都师范大学教授）

目　录

外国卷

导 读

亲爱的同学们，你们知道吗？科普文学是近代的一种文学体裁。法布尔、伊林、西顿、黎达这些伟大的名字把科普文学的创作不断的向前推进。在我国，20世纪初就有一些仁人志士开始着手翻译法国作家凡尔纳的名著《八十天环游地球》了。到新中国成立后，创作科普文学的作家队伍不断地扩大，在数量和质量上都有很大的提高。

科普文学的体裁很丰富，主要有科学童话、科学故事、科学小品、科学诗和科学幻想小说等。阅读这些作品，能够帮助我们树立科学的世界观，培养我们对科学的热爱。那么，科普文学作品具有哪些特点呢？

第一，科普文学作品具有科学性。正如著名作家伊林所说的："它是用科学全副武装起来的文学。"由此可见，每部科普文学作品中都会蕴含许多的科学知识。比如读了《太阳石——煤的故事》这篇文章，我们就可以知道，原来煤是由植物变成的，在有些煤里，人们甚至能用肉眼看出里面有植物的根和树皮的化石痕迹。读了《被偷换的黄金有多少？》这个故事，我们就可以知道"把物体放进水里以后，会排出和它的体积同样多的水。"而且，往往一篇文章中会隐含许多个知识，让你在阅读中不知不觉地成为"科学小博士"。

第二，科普文学作品具有文学性。有人作了这样一个比喻：我们吃菜是为了增加营养，如果做出来的菜，色、香、味俱全，就会增进食欲，促进消化。谁愿意去吃一盘干巴巴的、无色无味的菜呢？科普文学作品呢，就像那一盘盘色香味俱全的美味佳肴。科普文学作品不仅讲解了科学知识，还具有很强的可读性。巧妙的构思、生动的描绘，把科学的内容有声有色地带到了我们的身边。比如《我们的土壤妈妈》这篇文章，以诗的形式展开，把土壤妈妈比作地球工厂的女工、矿物商店的店员、植物的助产士、动物的保姆等。还把土壤看作是地球的肺、地球的胃、地球的肝等。通过这些生动的比喻，我们更形象地了解了土壤的作用和功能。

第三，科普文学作品具有一定的思想性。也就是说，我们在阅读的过程中，你还能产生许多对生活的感悟。作家叶永烈写的《圆圆和方方》的故事，讲的是方形和圆形的几何知识，同时又让我们知道人与人之间不能互相瞧不起，要互相团结。而前苏联作家比安基《尾巴》的故事则生动地介绍了几种动物尾巴的功能。同时，也让我们明白了无事生非、瞎捣乱是没有好下场的。

另外，我们在品读科普文学作品的时候，还可以从中感受到许多写作的技巧。下面就让我们一起来体会体会吧：

首先是优美活泼的语言。前苏联作家伊林在《隐身人》这篇文章的开头这样写道：

> “你以为只有在童话里才有隐身人吗？那么你看看天空，云儿在那儿飘。谁带动它们呢？是隐身人。当它经过田野的时候，黑麦就弯下腰来向它鞠躬了。当它经过森林的时候，树木就向它点头。”

这段话是对“隐身人”——风的特征和活动的描述，读起来是那么的生动有趣，这是由于作者在语言运用上别具匠心的缘故。

其次是生动曲折的情节。《鲨鱼侦察兵》这个故事就是一个很好的例子——几个小朋友约好了一起出海钓鲨鱼，在大海上他们勇敢地和鲨鱼搏斗，终于捉到了它。接着，他们遇到了科学家杨爷爷，杨爷爷要了他们捉到的那条鲨鱼，然后带他们参观了一个奇怪的小岛。原来，科学家用鲨鱼做侦察兵来给渔民捕鱼提供帮助，但更重要的是侦察敌人的潜艇，保卫祖国的海疆安全。这样离奇曲折的故事，怎能不让人迫不及待地读下去呢？

最后是鲜明感人的形象。读了法国作家法布尔的《蝉的故事》和《蟋蟀的住宅》，我们会对这两个小生灵的兴趣倍增。从这里我们可以知道：人们往往以为蝉很懒惰，其实它也是个勤劳的生产者。蝉蜕壳的过程是那么奇妙，而它唱的歌却是自己听不到的，因为它是个“聋子”。至于蟋蟀，那可是个极其聪明的家伙，用最简单的工具制造出了那么伟大的工程。再看加拿大作家西顿笔下有情有义的狼王洛波的形象，日本作家椋鸠十笔下舐犊情深的狐狸父母，无不令人为之感动。这都是因为作者用了浓墨重彩来塑造形象的缘故。

有一个广告说：当香浓的牛奶与纯正的巧克力相遇……我们仿佛已能感受到那牛奶巧克力的美味了。而科普文学作品就是那“科学与文学的相遇”，它们融为一体，散发出异样的光彩，飞向我们心灵的深处。

知识链接

【要点提示】

《落潮先生和涨潮先生》

涨潮和落潮是江河和海洋中的自然现象，作者却把它们想象成是由两位先生来控制的，这样一下子就拉近了与读者的距离，变得形象而又可感。这两位先生的模样正相反，一个是瘦子，穿着青色的浴衣；一个则是胖子，像个圆木桶，穿着黄色的浴衣。为什么要这样设计这两个人物的长相和装扮呢？对了，就是为了形成鲜明的对比，把它们和“涨潮”、“落潮”这一对相反的自然现象相吻合。更有趣的是介于“涨潮”和“落潮”之间的这个时间段应该怎样描述呢？

作者这样写到：

“胖子不像瘦子那么和善，粗脖子上套着一个救生圈，站在水深的地方。瘦子仍旧在水浅的地方，劝告胖子回到大海里去。

胖子不愿意，和瘦子对立了好一会儿，才不高兴地走了，扑下身体来在海里游泳，做出可怕的怪声，他喷吐着水，掀着浪，很快地游得不见了。”

真是让人不得不为作者的巧妙构思叫绝啊！

《凤蝶外传》

读《凤蝶外传》就是在读凤蝶的一生，更像是在读人的一生。作者在写这篇文章的时候就是在凤蝶身上赋予了许多人的精神和品质。如:"'只要工夫深,铁杵磨成绣花针。'一口又一口,小乌蠋终于把卵壳咬成了一个相当大的圆洞,它就打这洞钻到外面这广阔的世界里来了。""它好像是很有'未雨绸缪'的计算哩。""轻盈婀娜的凤蝶来到空中,就沿着明耀温暖的阳光,翩飞,回翔。感觉到的是:光明、自由、快活。""凤蝶的一生,就是在忧患中求生存。"当我们在写某一事物的时候,如果能让它具有"精神",具有"品性",那么这个事物就有了生命力。

《萤火虫》

这篇文章的篇首给我们描绘了一个诗意的、让人迷醉的世界,满天繁星、池塘银波、微风摇曳……萤火虫就在这样美丽的境界中隐隐地飞啊,飞啊,飞入我们的视线。让我们靠近它,了解它,熟悉它。

这一段诗意的开场,让整篇文章都笼罩上了一层朦胧的纱衣,让文字有了不一样的味道和感觉。排比句的运用更是增添了文字的节律感,让人回味无穷。

《我们的土壤妈妈》

这是一首科学诗,通篇都采用了拟人的写作手法。诗中称土壤是妈妈,多么亲切,多么恰当。而且又用了一系列打比方的写作方法,作者先说她"是地球工厂的女工"、"是矿物商店的店员"、"是植物的助产士"、"是动物的保姆"、"是微生物的培养者",通过这些暗喻,形象地说明了土壤的功能和作用。然后又用了明喻的修辞手法,把土壤比喻成"地球的肺"、"地球的胃"、"地球的肝"。瞧,通过这些修辞手法的运用,形象而具体地把土壤的结构、特性、用途以及它和动物、植物、人类之间的关系等知识展现在了我们面前。我们每一个人都爱自己的妈妈,那么我们也应该同样热爱这位慈爱、勤劳的土壤妈妈。

《海豹冒险记》

读了这群海豹的冒险记，伶俐勇敢的司格夫、冒险家斯伦、捕鱼家贝思卡、气象家卡辣和天文家奈葛里这些可爱的海豹形象一定深深印在你的脑海中了吧？那么，作者是怎样来塑造这些形象的呢？首先，作者把这些动物主角放在一个完整的故事中来展现它们在大自然中的生活——为躲避来自人类和天敌的威胁，海豹们经过漫长而艰险的长途迁徙，终于找到了美丽和平的新家园。其次，作者通过描写海豹们与“灾难”的斗争过程来突出它们的性格。为了求得生存，海豹们做出的种种努力，充分展现了它们团结、勇敢、顽强、机智的性格。读着这样的文字，我们仿佛也成了这群海豹中的一员，与它们同悲欢、共患难。

《狼王洛波》

“黄昏时候，它好像在朝山谷里走回来，因为它的叫声越来越近了。很明显，它的声音里充满着悲伤的音调。它不再是响亮的、毫无顾忌的嗥叫，而是一种冗长的、痛苦的哀号了，它好像在喊：‘布兰珈！布兰珈！’”“它感到自己的爪子被绑起来以后，也不再反抗了，它一声不响，只是沉静地瞅着我们，好像在说‘得啦，你们到底把我给逮住啦，爱把我怎么办就怎么办吧。’打那时候起，它也不再理睬我们了。”这真是一只有情有义的狼王，读来不禁让人心中隐隐作痛。为什么这些文字有这样的感染力？其实还是一个字——情。作者通过想象，走进了狼王的情感世界。人间有情，狼的世界也有情，每一段饱含深情的文字必然会打动你的心灵。

阅读延伸

【相关作品推介】

《森林报》 （前苏联）比安基/著

你在什么报上能看到关于麋鹿打群架，候鸟大搬家和秧鸡徒步走过整个欧洲的令人发笑的旅行消息？你从什么报上能看到严寒的冬季里，没有翅膀的小蚊虫从土里钻出来，光脚丫在雪地上乱跑？所有的这些新闻，在《森林报》上都可以看到。森林里的新闻并不比城市里少，森林里有愉快的节日和可悲的事件，森林里也有英雄和强盗，可城市的报纸上却很少报道。

比安基一生大部分时间都消磨在森林里，随身带着猎枪、望远镜和笔记本，走遍了一座又一座森林。让我们翻开《森林报》，走进大自然，学会观察，学会思考吧！

《巨眼丛书》(法国科普经典系列)

(法国)雅克・林德克等/撰文 里雅德・萨图夫等/绘画

你想揭开太阳被绑架的秘密吗？你想知道几十年后的外太空是什么样子吗？你想品尝沙漠极品“橘子沙拉”的美味吗？你想让烦心的考试快点过去吗？你想知道月亮上的疤痕是怎么形成的吗？……那就来看《巨眼丛书》吧，它会帮助你解开许多心中的疑问，让你大开眼界。

《21 世纪儿童知识百科》（英国科普经典）

（英国）克莱夫·吉福德等/著

你想知道太阳系有多少颗行星吗？还仍然是九颗吗？你想知道火星上有机器人吗？它是谁？你想知道汽车是不是只能用汽油做燃料，还是可以用其他的东西，比如说酒精？来看看这本书吧！里面有1000 道趣味的知识话题，让你走出小小课堂，亲近美丽自然，认识大千世界！

《昆虫记》 （法国）法布尔/著

一个人耗费一生的光阴来观察、研究“虫子”，这已经算是奇迹了；一个人一生专为“虫子”写出十卷书，这更不能不说是奇迹。《昆虫记》是一般文学家无法企及的，因为它有着严谨的科学依据；《昆虫记》又是一般科学家无法企及的，因为它有着让文学家也拍案叫绝的形象和生动。《昆虫记》充满了人情味，充满了作者对微小生命的尊重与热爱，使我们每一个阅读者深受感动。《昆虫记》是一部世界昆虫的史诗，是人类杰出的代表法布尔与自然界众多的平民——昆虫共同谱写的一部生命的乐章。

《我和我的野生动物朋友》 （法国）蒂皮·德格雷/著

一个名叫蒂皮的小女孩，从小跟拍摄野生动物的父母在非洲丛林里长大，与野象相亲，同鸵鸟共舞……动物们给她带来了无穷的乐趣、惊险、幻想，甚至是皮肉之苦，但最终都成为了她的好朋友。小蒂皮认为动物世界复杂得很，绝不要害怕，但永远要小心。动物从来不凶恶，但比较好斗，只要理解它、尊重它、爱护它、不招致它的误解，就能从动物那里得到善意的回报。书中还配有 100 多幅精美的图片，令人叹为观止。

著名儿童阅读推广人 陆锦华/编写

·中国卷·

落潮先生和涨潮先生

陈伯吹

在碧绿的小山顶上，有一座红色的小房子。

在这座小房子的卧室里，有一张又大又阔的床。

在这张又大又阔的床上，躺着三个小孩子。

他们叫做：依依、良良、珊珊。其实，这都不是他们真正的名字，可是因为这样容易叫，大家就都这样地叫他们。看来用这样的名字叫他们，他们是高兴的。

依依和良良是男孩子。珊珊是小妹妹。他们三个是好伙伴，从小时候起，在一块儿吃，也在一块儿玩，并且在那张又大又阔的床上，并排地一块儿睡。

他们挨次相差一岁。依依七岁，过了暑假就是小学一年级学生了。良良六岁，也快要当一年级小学生了。珊珊五岁，当然就是幼儿园大班啦。

妈妈挺辛苦，每天清早跑到房间里来喊醒他们。她看见他们挤在一块儿，像三只小猫咪挤在窠里。

依依觉得有个红通通的东西要透过他眼皮似的，一骨碌就在那张又大又阔的床上坐了起来，一只手不停地揉着眼睛，一只手推醒良良。良良推醒了珊珊。

“啊呀！”依依叫着说，“太阳起来了，咱们也起来吧。”

“啊呀！也起来吧。”良良老是学着他哥哥的话。

他们三个就滚到床边，滑落在地板上。

珊珊觉得房子里很静，以为爸爸上工厂去了，妈妈也已经下地去了。“啊唷！时候不早了，早饭一定凉了。”

他们赶快穿起衣服来。依依替良良扣纽子，良良替珊珊扣纽子，珊珊替依依扣纽子。今天他们不用麻烦妈妈，就自己穿戴整齐。

他们跑出房间，轻轻地跨下楼梯，楼下没有一个人。他们就跑到园子里，一看，三只小鸭子也起得很早，张着扁嘴忙碌在草地上喝露水。

这三只小鸭子：一只是依依养的，一只是良良养的，一只是珊珊养的。

孩子们没事干，就追赶着小鸭子玩。小鸭子逃得很快，而且叫得很响。

依依出了个主意：“在这儿吵吵闹闹，不如到海滩去好吗？”

“好！我们到海滩去。”良良答应着。

珊珊没吱声。她不敢说好，也不敢说不好。如果妈妈知道了是不答应的。不过两个哥哥走了，她也只好跟他们走。

三个孩子穿过开满红的、黄的、紫的、白的小花的青草地，一直跑到沙滩上。沙滩的尽头处是一片大海。这片海比草地大得多，清得连水底下的石头都望得见。突出在水面上的几块石头，给海藻缠住了，像一绺绺青的、红的长头发。海水微微地波动着，闪出千个万个金色的银色的鳞片来。

孩子们没有妈妈带着，自己跑到海边来，这还是第一次。

他们突然听到有一个低沉的声音，正在向他们打招呼：“唔——亲爱的小朋友，早上好哇！”

孩子们抬头一望，在那靠沙滩的海边上，笔挺地站着一个瘦子，披着一件青色的浴衣。

依依、良良和珊珊立刻回答说：“谢谢您！您也好吗？”

“唔——我很高兴看到你们，多想念你们！”

孩子们非常奇怪，因为他们不认识这位先生。所以大家你看我，我看你地楞着不说话。

好久好久，依依觉得不能不开口，他是大哥哥，应该先说话。“妈妈常常带我们上这儿来玩，可从没见过您。”

“唔——那是因为你们来玩的时候，恰巧我不在这儿。”瘦子想了想，又说“唔——你们来的时候，我的哥哥‘涨’在这儿。我叫‘落’。”

“啊呀！张先生……乐先生……”依依疑疑惑惑地说。他实在没有听懂。

“唔——我完全的名字叫‘落潮’。”

孩子们这一下才听明白了。

落潮先生接下去说：“我的哥哥涨潮常常吸引了很多的人。你们知道，大人们都喜欢他，趁他在这儿的时候来。孩子们总是跟着大人们，因此我就很少见到他们，可是我多么想念他们啊！”

他说到这儿，“唉——”叹了一口气，显得更加瘦了。他是真心爱孩子们的。

依依和良良都觉得很过意不去，珊珊连眼圈儿也红了。

“可是小孩子要和大人们一同下水才安全呀。”依依想安慰落潮先生。

“唔——安全！”落潮先生叫了起来，“我一定要说不是。只要我在这儿，鲨鱼就游不进来。你们下水去，水也不会漫过你们的膝盖。这才是真正的安全！”

“落潮先生！”依依很有礼貌地说，“我知道您说的对。这海水多可爱，我们能下去吗？”

落潮先生反问了一句：“唔——为什么不能？”

“因为妈妈叮嘱过，她不在，我们就不能下水！”珊珊总是记得妈妈的话，而且听从妈妈的话。

依依和良良点了点头。

落潮先生望了望他们，“如果你们同我一块儿下去，保证安全。”

“那好，我们就下水去！”依依快活地说。

良良紧跟着说：“那好，我们就下水去。”

在一分钟里，孩子们准备好了。

落潮先生拉着依依，依依拉着良良，良良拉着珊珊，一步一步小心地，走进起伏不停的小小波浪中去。

落潮先生是个挺和善的人，他把水里头各种奇怪的、有趣的东西指给他们看。

孩子们在许多礁石中间，看见许多小青蟹爬来爬去，不知道它们在忙着干什么，那横爬的样子很的趣。梭子蟹们都有一对大螯，好像一张弦琴的样子。还有几百只寄居蟹，住在抢来的屋子里：有的住在玉螺的壳里，有的住在别的美丽的壳里；小一些的住在海蛳的壳里，大一些的住在海螺的壳里，那就像住在城堡里一样。

落潮先生告诉孩子们说：“唔——它们外号叫做‘白住房’，长大了，挤得满满的一壳，再也住不下，就搬家了，找另外可以住得下的屋子去。”

珊珊看着，笑着说：“多有趣！”

“有趣？”落潮先生眯着眼睛也笑起来，“有一个‘小寄居蟹找房子’的故事，那才真有趣呢。”

“啊呀！那么请您就讲讲吧。”依依说。

“啊哟！请您就讲讲吧。”良良跟着说。

落潮先生带着孩子们，沿着海滩一边走，一边讲故事：

从前有一只小寄居蟹住在海里。它老是担心着。它觉得自己只有个硬壳脑袋和一对大钳，浑身都是软绵绵的，可是海里的大家伙多，坏家伙也多，总得找一所坚固的房子躲躲才好。

它一摇一摆地走，东张西望，找不到空屋子。

一只大螃蟹爬过来了，一看见小寄居蟹就大声喝道：“哼！你配叫做蟹吗？咱们横行将军的族里没有这样的软骨头！”说完，就用大螯给钳了一下。

小寄居蟹痛得眼泪直淌，不敢哭出来。

一只龙虾游过来了，一看见小寄居蟹就冷笑。“哼！你也配叫做蟹吗？看你这副可怜相，横行将军的族里可没有这样的胆小鬼！”

小寄居蟹吓得不敢回嘴。

一只老寄居蟹背着一座像宝塔样的大房子，摇摇摆摆地走过来了，一看见小寄居蟹就教导它说：“好孩子，你没有家，到处流浪，就受人欺侮，我带你找房子去。”

它们没多远，就看见一个蜗牛壳。老寄居蟹叫小寄居蟹先伸一个钳进去探探，要是钳能进去，身子也能进去。

小寄居蟹找到了这所小房子，欢天喜地地住在里头了。

依依说："这个故事好。"

良良也说："这个故事好。"

珊珊高兴得不停地拍着小手。她问："后来小寄居蟹长大了，小房子里住不下怎么办啊？"

"当然啦，它找个大海螺壳住啦。"依依抢着说。

"当然啦，……"良良只说了半句。

落潮先生微微笑着，点了点头。

珊珊老是第一个想起妈妈来。她说："该回家了，妈妈一定把早饭摆在桌子上了。"

落潮先生还是微微笑着，点了点头。

孩子们穿上了衣服，很有礼貌地说声"再见"！

"唔——再见！"落潮先生向他们挥挥手，"明天再来——记住，比今天迟一个钟头来！"

孩子们在园子门口，又遇见了三只鸭子，望着他们"呷——呷！呷——呷！"地叫。好像催促他们"快走！快走！"。

依依说："小鸭子有浴衣，明天带它们一同去。"

"好，明天带它们一同去。"良良接着说。

可是珊珊不同意。她说："海太大，小鸭子会害怕的。它们年纪小，应当在小池子里玩。"

正当这个时候，妈妈从山坡上赶下来了。

“看你们，上哪儿去了？”妈妈有一点儿生气地说，“爸爸早上厂去了。早饭都凉了。”

第二天早上，太阳一出来，孩子们就起身了。

依依看了看钟：“啊呀！还早呢，早了一个钟头，怎么办？”

良良难得出个主意，他说：“像昨天一样，咱们上园子里赶鸭子去。”

珊珊添了一句：“还给花儿浇水。”

孩子们轻轻地下楼，轻轻地开门出去。他们在园子里玩了好一会儿，才望见沙滩上有个影儿，他们就拉着手，急急地奔下去了。

“唔——快来看！”落潮先生向他们招招手，“一群小青鱼！”

孩子们赶紧跑过去，一看，浅水里满是小鱼，它们一个衔着一个的尾巴，连成一串，向前游过去，像孩子们排队做游戏似的。

落潮先生又把海蛳指给他们看：“这些小东西生活在水底下的沙石上，像一丛银色的针似的。它们很友爱，老是团结在一起，几百几千个地聚在一块儿。”

“它们也要搬家吗？”良良也这么问。

“唔——它们难得搬家的，喜欢固定住在一处地方，挤一点儿也不在乎。”落潮先生回答说，“现在，咱们看看银鱼去。”

他们走到一处水又浅又暖的地方，看见几百条小银鱼，狭长的身体，细小的鳞片，嘴大，吻尖。这些亮闪闪的、仿佛透明的小东西，在孩子们的手指和大腿中间穿过来，穿过去，引得他们叫起来，笑起来。

落潮先生说：“唔——这些没见识的小东西，可真活泼。咱们再跑过去，看看别的。”

孩子们看见那许多水潭里，漂动着狭的或阔的花带子，有青的，有红的，也有褐色的。

“啊唷！海里头也有花园，长着树林和青草！”珊珊忍不住叫道。

落潮先生告诉她：“那花带子叫海带，那阔叶子叫昆布，其实它们是一家人，都是海藻类的东西。”

珊珊睁大了眼睛。她不明白。

回家去的时候又到了，落潮先生拉着他们回头走，可是孩子们还不愿意说声“再见”！

“唔——现在该回家了，明天再来玩。”落潮先生送他们跨上沙滩，叮咛他们说：“明天见！——记住，比今天迟一个钟头来！”

下一天，孩子们又热心地去看他们的好朋友了，因为他们不耐烦等一个钟头，动身得早一些。

奇怪！海水里头站着两个人：一个穿青色游泳衣的瘦

子，旁边还站着一个穿黄色游泳衣的胖子，像一个圆木桶。

胖子不像瘦子那么和善，粗脖子上套着一个救生圈，站在水深的地方。瘦子仍旧在水浅的地方，劝告胖子回到大海里去。

胖子不愿意，和瘦子对立了好一会儿，才不高兴地走了，扑下身体来在海里游泳，做出可怕的怪声，他喷吐着水，掀起着浪，很快地游得不见了。

胖子走了，海水也平静了。

落潮先生这才招招手，欢迎着孩子们下水来。

他说："唔——他就是我的哥哥涨潮。你们今天来得早了一刻钟，所以他还不走。现在，我们去走走看看吧。"

依依看见有一群身体椭圆的、五六寸长的鱼，头小，嘴巴也小，眼睛却大，背部青黑色，肚皮却是白色。他就想捉住它，可是只一眨眼就游得不见了。

落潮先生笑着说："这是一条海鲫！"

良良摸起一个四寸多长的圆形的壳来，很光滑，右壳淡黄、带点儿白色，左壳淡红色，看来很漂亮。他自言自语地说："啊哟！这是什么宝贝？"

落潮先生又笑着说："唔——这是海月的壳，你拿回去当一面小镜子。"

良良对依依说："哥哥，这个给你。"他总是尊敬哥哥的，只有在吃东西的时候不肯让步。

依依爱妹妹。他说:“你给珊珊吧,这是女孩子的东西。”

可是珊珊也在水底下拾起了一个长两三寸的白色的管子,上面有粗线横条,很像竹笋。她说:“哥哥送我一个,我也送哥哥一个。”

落潮先生笑着说:“唔——这是海笋,壳儿很薄很脆,容易碎掉,你们留神点儿玩。”

依依心里想:“我也得在海里头弄个什么东西玩玩才好。”他边走边用心看,看见水底下石头上有个五角形的紫色的活东西,缓缓地爬着。他想伸手捉它,可又不敢。

落潮先生早看见了,说:“这是海盘车。它像颗星星,所以又叫做海星,也叫做星鱼。它有五只腕,拉断了一只,还能长出来。”

孩子们觉得又奇怪又有趣。一会儿,这个海盘忽然不见了,它的颜色和礁石差不多,再要找着它可就不容易啦。

这时候,落潮先生把一个柔软的、透明的小东西塞给依依:“你瞧,这是什么东西?”

依依放在掌心里看,良良和珊珊也围着看,这个小东西看不出头和脚来,只是亮晃晃的三四分大的一个小圆块。

“唔——有趣哪!”落潮先生眼睛里闪着神秘的光采。

“这叫做海灯。在夜里,它们成群地浮在海面上,放出一点点青色的光来,就像一盏盏小灯。”

孩子们听得高兴极了。

依依说:“咱们晚上来看。”

良良接着说:“好，晚上来看。”

可是珊珊说:“妈妈一定不让我们在黑夜里头跑到海滩上来的。”

落潮先生低着头。“唔——这倒是个困难。不过，你们长大起来会看得到的。”

“我将来要当个海军！”依依大声说。

“我也要。”良良接着说。

珊珊眨巴着她的大眼睛，没说什么。

时间很快就到了，孩子们只得和落潮先生分手。他们觉得这海滩上一天比一天更好玩，几乎不舍得离开，也忘记肚子饿了。

第四天早晨，妈妈很早很早就到孩子们的房间里去，张着胳膊围着他们，亲昵地看着他们。

她说:“孩子们，我已经知道你们的秘密了。你们每天清早起来，上海滩去玩，还洗海水浴，这是好的。可是你们不和大人一块儿去，是很不安全的。”

“妈妈，我们是安全的，”依依说，“落潮先生和我们在一块儿。”

“谁是落潮先生？”妈妈很奇怪地问。

依依又说：“落潮先生是个瘦子，穿着一件青色的浴衣，他是个好人。”

“他是个好人,”良良说,“他使水只浸到我们的膝盖下面。”

“他还伴着我们玩,给我们讲故事。”珊珊又添上了一句。

妈妈觉得这件事情很奇怪:“好吧,我和你们一块儿去。我要谢谢他。”

孩子们高兴得跳起来,可是他们就忘记今天要再迟一个钟头去。

依依拉着良良的手，良良拉着珊珊的手，珊珊拉着妈妈的手，一同跑到海滩上去。

奇怪！他们没看见落潮先生，却看见了那个胖子，穿着一件黄色的游泳衣，像一个圆木桶似的，粗脖子上套着一个救生圈。

胖子一看见他们，就哈哈大笑起来，泼弄着、掀动着左面右面的水，波浪涌到沙滩上来，水珠飞溅到妈妈和孩子们的脸上、身上。

妈妈一看这光景，就急急地带着孩子们回去。

在吃早饭的时候，妈妈对孩子们说:“听着，我不准你们再去和那个胖子洗澡。虽然他很喜欢你们，可是他的态度我可不喜欢。”

孩子们一齐喊出来:“妈妈！他不是我们的好朋友。他不是落潮先生。”

妈妈生气了，不听他们的话，只是重复说了一遍:“我不准你们再去和那个胖子洗澡。”

这样地过了十多天。依依、良良和珊珊老是在草地上不快活地走着，花也无心看了，连小鸭子也不追赶了。他们只呆呆地老远望着那海滩。

有一天早晨，妈妈决定带孩子们上海滩去。

孩子们比妈妈跑得快，先跑到海滩上，一看，正像他们第一次看见的那样，亲爱的落潮先生，穿着一件青色的浴衣，微笑地站在海滩旁边。

“啊呀！——啊哟！——啊唷！——”孩子们一齐高兴得喊起来，“亲爱的落潮先生，您好！您回来了？”他们把上次妈妈带他们来的时候，遇见涨潮先生的事情，告诉给他听。

“唔——亲爱的孩子们，你们多傻哪！”落潮先生听了大笑着说：“你们不知道吗？我每天在这儿待十二个钟点，我的哥哥也在这儿待十二个钟点。我们应该好好地工作，我们也要好好地休息。”

“不。我们真的不知道。”依依愣着眼睛说，“请您告诉我们，该在什么时候来找您？”

“唔——你们用这个方法计算。”落潮先生很和善地说，“如果今天你们早上七点钟来，那么，明天我要迟五十一分钟来上班，所以每一次我都告诉你们要迟一个钟头来。”

“啊呀！——啊哟！——啊唷！——”孩子们一齐叫起

来，“现在我们明白了，我们能够知道什么时候来找您，多好呀！”

这时候，妈妈也跑到沙滩上来了。

“妈妈！”孩子们又一齐叫起来，“您瞧，这位就是我们的好朋友——落潮先生。”

落潮先生向妈妈点点头。

妈妈觉得这个瘦子挺和善，就笑着对孩子们说：“如果你们只在落潮先生待在这儿的时候来玩，我想我应该让你们来。”

孩子们听了，快活得拉起了手，围着落潮先生跳起舞来。

落潮先生为孩子们唱了一个好听的歌，叫做《海的赞歌》。这个歌是难得听到的。落潮先生用丰富的柔和的低音唱的歌，谁听了都会被迷住，永远忘不掉。

> 唔——
> 风啊，你轻轻地吹，
> 浪啊，你轻轻地拍。
> 孩子们，母亲们，……一切善良的人，
> 他们干完工作都来海边歇着。
> 你们轻轻地唱吧，唱吧，
> 唱那劳动的歌。
> 唔——

五万年以前的客人

童恩正

一、天外来客

这是一座无边无际的亚热带森林。

森林中的夜晚是喧闹的。动物在低沉地咆哮，猫头鹰在凄厉地哀鸣。无数小虫用它们毫无间断的声音鸣叫着。

一只花斑的猛虎，用无声无息的步伐在树林中跑着。突然，它停下来了。在月光照耀的林间空地上，一条吃得太饱的蟒蛇，正在憩睡，巨大的蛇身盘成一堆。

猛虎悄悄地移动了几步，然后小心伏在地上。现在只要最后一次跳跃，蟒蛇就将成为它利爪下的猎物了。

然而这一次跳跃并没有实现。天空中传来了一阵隐约的隆隆声。猛虎警觉地竖起耳朵，不安地向四面张望着。动物自卫的本能告诉它，有新的危机来临。

灾祸来得十分突然。东方的天空闪现了一片耀眼的红光，一个巨大的火球，以闪电般的速度向森林冲击过来，接着是一声剧烈的爆炸。

这事发生在公元1645年夏天。半年以后，在北京皇城中一间阴暗的屋子里，一个梳着辫子的官员，用十分工整的字体，在史书上作了下面的记载：

“顺治二年五月，有巨星自东陨落于粤。红光烛地，声如雷鸣。……”

二、奇异的石头

郭小林在夏令营中已经六天了。由于今年的夏令营是设立在远离城市的森林中，因此生活就特别紧张和有趣。在这些快乐的日子里，少先队员们参加了各种军事游戏，举行了游泳比赛和爬山竞赛，也开了篝火晚会。

今天是孩子们停留在野外的最后一天，他们要举行一次“探险”旅行。这就是说：带上干粮、罗盘，深入原始森林。谁都想抓紧这个机会替学校和少年博物馆采集一些植物标本。

在凉爽的早晨，太阳还没有升起的时候，大队就沿着林间的小路出发了。一位伐木工人做了他们的向导。郭小林以大队旗手的身份，走在队伍的最前面，并且还背了个皮盒子，里面装的是指南针。

在行军途中，郭小林虽然也知道伐木工人是绝不会走错路的，但他还是不断地看着指南针。因为这是旅行家的规矩。

“迷失方向是探险家的耻辱。”他十分庄严地向同学们解释。

中午，大队到达了目的地——一个伐木工人的工作区。工人热情地欢迎了孩子们。吃过午饭以后，老师宣布让大家自由活动两小时。郭小林在出发前就和他的朋友挑了战，他们要比赛谁采集的东西多。他一个人爬上了伐木工人木屋后的小山。伙伴们快乐的喧哗声很快就落在身后了。他在树林中钻了很久，然而没有找到什么值得保留的东西。

不知不觉地，郭小林越走越远了。最后，他爬上了一座高山山顶。这儿的风景真好，绿色的森林像海洋一样延伸到遥远的地平线，几条河流像镜子一样在闪着光。

于是，郭小林又摸出了自己的指南针，准备再校对一下方向，可是一桩奇怪的事发生了。

他清楚地记得，伐木工人的小木屋是向着北方的，山在木屋背后，那么，现在木屋应该在他的北方，可是指南针指示的，木屋却在西南方。

看样子，“探险家的耻辱”——迷失方向的事故已经发生了。郭小林懊恼地摇动着指南针，磁针摇晃着摆动了一会，但是木屋还是在西南方。

一个少先队员是不应被这个小问题难住的，于是郭小林折了根树枝插在地上，从树枝的阴影看来，小屋的方向还是应该在北方。当然，用太阳来测定方向是不会错的。

现在可以肯定，这是磁针出了毛病。郭小林曾经听见老师说过，在某些大铁矿的附近，是可能出现这种现象的。他东张西望看了一会，发现就在山背后的树林中间，有一大片黑色的、光秃秃的地方。郭小林的好奇心又发作了：这是不是铁矿呢？

郭小林小心地走下山来，他发现这儿原来是一片沼泽，黑色的、发着臭味的烂泥延伸到远方，像森林中一个黑色的湖泊。和周围阳光照耀、鸟语花香的森林一比，这地方显得死气沉沉：既没有一根青草装饰这黑色的地面，也没有一声鸟叫来冲破这儿的寂静，空气中散发着一种令人感到沉闷的气氛。

如果不是一桩偶然的事引起了郭小林注意的话，他应该是带着失望的心情往回走了（连一点有意义的东西也找不到）。就在离岸边几米的地方，他看见烂泥中有一块石头。

烂泥中发现石头，这是很普通的事，但是真叫人奇怪，这块石头是浮在泥上的。郭小林知道，任何一块石头丢到这样的泥坑中都会一直沉到底的。

郭小林找来了一根长树枝，冒着陷进沼泽的危险，把这块石头拨到岸上来。

这是一块灰褐色的石头，闪着金属的光泽。令人诧异的是这块拳头大的石头，拿在手里却比木头还轻。

“这是什么东西？”

三、天乙星，谜星

严寒的深夜。整个北京似乎都已经入睡了。然而李明哲教授却好像忘记了白天工作的劳累，忘记了自己手中的烟斗已经熄灭多时，他面对着桌子上的一份实验报告，陷入了沉思。

五个月以前，科学院收到了一个从广东寄来的包裹，里面装着一块石头。这是一个少先队员在野外发现的。学校教师的来信中说：在拾到这块石头以后，学生们为了要确定它的性质，曾经用酒精灯烧过，也往上面倒过浓硫酸，然而用尽了一切方法，这块石头连颜色也没有变，这引起了大家的重视，把它送到科学院来化验。

经过一系列的实验，向李明哲教授提供了这份几乎令人难以相信的、神话般的报告。正是这份报告，使李明哲教授回忆起了一段遥远的往事。

这是四十年前的事。那时，白发苍苍的老教授还是一个朝气蓬勃的四年级大学生。他在数学系念书，却对天文学，尤其是中国古代的天文学发生了浓厚的兴趣。在两千多年来中国的历史书籍中，保存了极为丰富的天文学史料。

古代的天文学家们运用简陋的仪器，一代又一代地注视着星空的变化。他们不但从实践中掌握了丰富的天文学知识，而且能将这些知识运用到农业、航海等生产活动上去。年轻的李明哲曾经多次为我们祖先的智慧感到惊异和骄傲。为了使中国人民在天文学上的成就，能在世界天文学史上放出光彩，他立志献身于这门科学。因此他曾选择了一颗在当时广泛引起注意的星，作为自己的研究对象。

这颗星，中国史书上称它为“天乙星”。早在两千多年前，中国伟大的历史学家司马迁写的《史记》中，就有过记载。以后各个朝代的史书中，关于它的记载更加详细。从记载上看，这颗星十分神秘，有很多不可解释的地方。譬如说，从它的亮度看来，它应当离地球很远，但是从它运动的轨道和速度看来，它又应当离地球很近。更奇怪的是：到了1645年，这颗星就突然消失了。国内外好几个学者对它进行研究以后，都得出了一个结论，说中国古代的天文学家关于这颗星的记载都是错误的。一位日本教授甚至称“天乙星”为“谜星”，并且预言，一切企图解开“谜星”之谜的努力，都是不会有结果的。但是，李明哲对自己祖先忠诚的科学态度和卓越的观察能力，始终有着坚定的信念，没有为这些议论所吓倒，他深信随着科学的发展，“谜星”之谜终有被揭露的时候。

经过了一段长时期艰苦的工作，在搜集了“天乙星”的全部资料并经过成千次的计算以后，李明哲在毕业论文中提出了自己的初步看法：这颗星的运动规律和一切星球不同，可能这颗星不是自然的星球，而是人造的。地球上的人虽然不能造它，但其他星球上的人却可能造它。在当时，这是一个十分大胆的推测，因为在四十年以前，世界上既没有火箭，也缺少宇宙航行的知识，关于原子能和放射性同位素的研究也是刚刚开始。论文交出以后，虽然得到了个别老师的赞扬，但是曾经留学美国的数学系系主任，却在论文后面批了四个大字："胡说八道！"年轻的大学生一气之下，当着系主任的面就把论文烧了。

大学生活已经逝去四十年了。然而今晚上，李明哲又回忆起这段往事。他发觉发现这块石头的地点，在1645年曾有一块陨石降落过，这块石头是不是和陨石有关呢？1645年的陨石是不是又和"天乙星"的突然消失有关呢？一系列的联想在他头脑中起伏。

四、探访

经过几个月紧张的学习，现在已经是举行期终考试的时候了。

放学以后，郭小林先到同学家中借了几本书，然后很快地跑回家去。考试期间，时间需要抓紧一点。

“你怎么现在才回来？”妈妈在楼梯口迎着他，“客人已经等你一个多钟头了。”

“客人？”郭小林说，“有谁找我复习功课吗？”

他跑进房门，立刻就愣住了。坐在房中的不是他的同学，而是三个大人。其中有一个戴眼镜的老人。

“郭小林吗？”这老人看出他的尴尬样子，“我们是科学院的。我叫李明哲，这两位是我的助手。”

“李明哲教授？”郭小林简直不相信自己的眼睛，站在自己面前的和蔼的老人就是有名的数学家李明哲教授。报纸上经常以很大的篇幅介绍他在天文学方面的成就。目前他正领导着一个研究机构，从事一种大型人造卫星的制造。

“去年夏天，我们曾收到过一块奇怪的石头，这是你在野外找到的，没有忘记吧？”

郭小林想了一会，便把自己发现那块石头的经过说了一遍。他发觉三个客人对他的介绍十分注意，因此便尽力说得详细一些，连一点细节也不敢忽略。

“太好了！”教授满意地敲了敲烟斗，“如果我们到森林中去，你还可以找到那地方吗？”

“能找到，因为那儿的方向我记得很清楚。什么时候去？”

“明天。”

“明天？不行呀！我还要考试呢。”郭小林说。

“我们会替你请假，让你补考，”教授安慰他，“这项工作有重要的意义，老师会同意的。”

“你们要去找什么呢？那块石头到底是什么东西？”郭小林问。

看了郭小林那种激动和好奇的眼光，教授笑了一笑说：

“刚才我听你妈妈说，你长大了想成为一个天文学家，是吗？”

“是的。”郭小林不好意思地承认。

“好极了！”教授笑眯眯地说，“一个优秀的天文学家，除了必须有丰富的知识以外，还要具有高度的忍耐力，要随时克制自己的急躁情绪。因为天空中的变化是极其缓慢的，对于一颗星星的观测，有时需要几十年持久不懈的努力才能取得一点成绩。从现在开始，锻炼一下你的忍耐力吧。在没有去实地考察以前，我不能回答你的问题。没有根据的推测是违反科学的。再见了，小弟弟！今天好好休息吧！明天早晨八时，我们派车子来接你。”

第二天早晨八时整，教授的汽车就以科学家所特有的准确性停在郭小林的家门外。

汽车顺着光滑的柏油路向山区急驶。在路上，郭小林虽然有很多问题想问教授，可是他想起了一个天文学家应具备的条件。为了锻炼自己的忍耐力，他没有开口。教授也没有谈到那块石头，只是问问他的学习情况。

三天后，汽车到达了森林地带，在那儿有一架“北京一

102”型的直升飞机在等着他们。几小时以后，飞机就像一只大蜻蜓一样，轻轻地在伐木工人的住地降落。

从这儿出发，郭小林毫不费力地领着教授他们找到了那块沼泽地。

“就在这儿！”郭小林指出了发现石头的地方。

教授严肃起来了。他对这地方的地形，周围的植物分布状况，作了详细的考察。从各个角度向这块沼泽地拍了许多相片；他的助手捧着一个很复杂的仪器到处走动，念着一些数字。从这两个年轻人兴奋得发红的脸上，郭小林知道他们已经有了很重要的收获。

“我们要排干这儿的水，进行一次大规模的发掘。”在调查结束以后，教授说，“现在首先要订出详细的计划来。回去吧！”

在归途中，教授不停地在笔记本上计算着什么东西。他的两个助手在激动地低声交谈着，郭小林只听到他们的话中不断出现“不可思议！”“这个发现要震惊世界！”等等带有惊叹号的句子。这时郭小林的好奇心已经强烈得没法遏制，“天文学家的忍耐力”终于彻底垮台了。他鼓足勇气轻轻地问道：“你们究竟发现了什么东西？”

教授思索了一下，回答他说：“现在可以向你说明一下我们对这件事的推测。由于对这个问题的研究刚开始，所以在某些方面还只是一个假设。……”

五、教授的话

“去年夏天，我们科学院接到你的赠品后，立刻进行了一系列的物理和化学试验，企图确定它的性质。但是我们很快就发现了，这不是一块天然的石头，而是一种合金。它具有难以想象的坚硬性和耐高温性；尤其重要的是，这种合金具有极强的吸收各种辐射线的特性。然而，它的成分和构造，直到现在，我们还没有弄清楚。这是一种高度智慧的创造，这种科学技术的成就，已经远远超出了我们现代的科学水平。这种合金是在另外一个世界，由另外一种生物所制造的。

“历史记载告诉我们，1645 年，曾经有一块陨石坠落在这个地方。刚才我们的观察也证实了这点。由于陨石降落时所引起的爆炸和空气的震动，周围的树木都死亡了，地面也由于巨大的冲击而形成了一个大坑，以后注满了水，就成了那块沼泽。

“三百年以来，人们都认为降落在这儿的是一块普通的陨石，可是由于这块合金的发现，使我们知道这不是一块陨石，而是一支火箭。这是在别的星球上生活的、具有高度智慧的生物向地球发射的一支火箭。用这种合金制造的火箭，不但轻便坚固，而且因为它具有吸收辐射线的能力，所以可以防止宇宙射线和火箭本身原子能发动机所放射的有害的射线对人体的伤害。我们毫不怀疑这支火箭上已经使用了原子能发动机，因为高速度的、能够在星际航行的火箭，只有使用原子能发动机才有可能。

“现在我们要来考察一下，这支火箭是从哪一个星球上发射出来的。在这里，我要向你谈一点天文学方面的知识。太阳，加上九颗围绕太阳旋转的行星，以及另外一些围绕行星旋转的卫星，就构成了我们的太阳系。在太阳系以外，又有无数的恒星和行星，其中离地球最近的一颗恒星是半人马座的阿尔法(α)星，它距离地球四光年，就是说，从这颗星到地球，用光的速度，每秒钟三十万公里的速度来走，也要走四年。即使是使用原子能发动机的火箭，要走这样长的距离，几乎也是不可能的事。因此我们断定，这支火箭不会是从太阳系以外的星球发射的。

在太阳系以内，离地球最近的一颗行星就是火星。这是一颗十分有趣的星，一百多年来，科学家曾经不止一次地为它的某些神秘现象所迷惑，譬如说：它表面上的运河网，它那与地球多少有些相似的自然条件，以及它那两颗卫星所显示出来的一些反常现象，等等。在很长的时期里，人们都相信火星上是有高级生物居住的。最后，有一位科学家，终于以大量的事实，证明火星上的确有高级生物。他们具有高度的科学水平，火星的两颗卫星就是他们放射的人造卫星。这种生物既然能够发射直径达到几公里的人造卫星，自然也能够向地球发射火箭。因此，我们初步肯定，这支火箭是从火星上发射的。

“不过当我们对那块合金进行研究的时候，我们又发现了另一种奇怪的现象：从合金中某几种稀有金属的放射性同位素所提供的资料看来，这块合金至少已经有五万年的历史，也就是说，它是在五万年以前制造成的，而火箭也应当在五万年以前就发射出来了。

“肯定火箭是五万年以前由火星上的生物发射以后，我们还要解决另外一个问题，这就是五万年以前发射的火箭，怎么会等到1645年才坠落到地球上来呢？我的推测是这样的：这支火箭发射以后，在它遥远的航程上，经受住了一切考验，很顺利地到达了离地球很近的地方。可是就在这时，也许是机器发生了故障，也许是驾驶员操纵的错误，火箭突然失去了推进力，于是，它便由于自己的惯性而围绕着地球旋转，成为地球的一颗“人造卫星”。它不会掉到地上来，因为它旋转时所产生的离心力刚好和地球的吸引力相等。坐在这支火箭里的生物，已经能够用望远镜看到地球上云雾弥漫的美丽景象，但他们却永远不能到达这个目的地了。

“在距离地球几万公里的高空是没有空气的，所以这支火箭也不会遇到任何阻力，它只是用原来的速度一圈又一圈地围绕着地球旋转。就这样经过了五万年。在这段漫长的时期中，人类在进化着。大约两千年以前，中国古代的天文学家就发现了这颗与众不同的“星”，并且把它的运行规律在史书中记载下来。这就是历史上有名的“天乙星”，日本人称它为充满了谜的“谜星”。我曾将“天乙星”的运动规律，与火星发射火箭到地球的运动规律，进行过一次初步的计算，这两个数字恰好是吻合的。

“这支火箭，原来是可以永远运动下去的：但到了1645年，一次偶然的事件使它遭到了毁灭。我们知道，在宇宙空间里，有无数高速运动的小石头在飞行。这些小石头有时被地球吸住，以每秒钟一百公里的速度飞进地球的大气里，因为和空气摩擦发生高热，便放出很强的光，这就是我们在夏天晚上时常看到的流星。从精确的数学计算可以知道，1645年旧历5月，地球正好经过一块小石头最密集的空间，受到了一次最厉害的“流星雨”的袭击。在雨点一样的流星的冲击下，地球大气层以外运动的火箭，就被一颗流星碰上了。由于剧烈的碰撞，火箭脱离了自己的轨道，就像一颗普通的流星一样，坠落到我们的地球上来。火箭掉下来以后，它上面储藏的原子能燃料发生了某种变化，使得那块沼泽里充满了对生物不利的辐射线，我们刚才用仪器测量的结果证明了这一点。因此在那个沼泽中，既没有一根水草，也没有一条爬虫。上次你的磁针失灵，也正是辐射线的影响。火箭的一块碎片被你无意中拾到了，其他的部分一定还保留在那个沼泽中间，经过发掘，我们一定可以找到的。

“等到我们分析出这种合金的成分以后，我们就可以开始制造了。同时我们还可能在发掘中找到更多的东西。这一切都会帮助我们进一步掌握星际间航行的火箭技术。人类征服宇宙的宏伟计划将更快地实现了……”

凤蝶外传

董纯才

8 月的一个晴朗炎热的午后，在篱笆上出现了凤蝶妈妈。在它那轻盈的身体的背上，闪动着两个绣着黄色花纹的黑绒似的翅膀。后翅拖出一双燕尾似的飘带。样子是怪雅致的。

它一面翩翩地带飞带舞，一面仔细打量着这儿的树木。在篱笆里边，是一排枸橘，抽出了许多绿色的嫩枝条，枝上生着长针似的刺，每根刺旁生着一个长叶柄，柄顶缀着三片绿色卵形小叶。

凤蝶妈妈发现这枸橘，非常高兴，因为这正是它现在所要找的树木。它停在一片新叶上面，把肚子末尾弯到叶子反面，生出一颗卵，卵就粘在那儿。

这卵还不及粟米大，跟蚕卵相似，不过是绿色，跟枸橘差不多是一色。这就是一条小生命，凤蝶妈妈的没有发育的女儿，未来的凤蝶。

一天，两天，三天……七天过去了。好像变戏法一样，卵突然变成了一条小虫。

先是在日光热力的催促之下，卵在卵壳里，由一个细胞分裂成两个，两个分裂成四个，四个分裂成八个……逐步分裂变化，发育一个细胞团；最后变成一条小小的虫——幼虫——跟小蚕一样。别号叫做小乌蠋。

既然孵化成了幼虫，谁还高兴被关在那囚牢似的卵壳里呢！这时候，妈妈也不知是死是活。不管怎样，它老人家是决不会来照管女儿的。小乌蠋靠不着人，只得自己来设法打破这囚牢，寻找生路。

一、二、三！小乌蠋试用小嘴咬起卵壳来了。一试居然成功：卵壳给它咬破了一点。不是有一线光明射进来了吗？好，有希望了。

小乌蠋继续努力不断地咬，咬下的东西，就往肚子里吞。

"只要工夫深，铁杵磨成绣花针。"一口又一口，小乌蠋终于把卵壳咬成了一个相当大的圆洞，它就打这洞钻到外面这广阔的世界里来了。

它一出来，身体就长大了一些。可是，也不过是一个一二分长，身体黑褐，头尾黄白的小虫。

出卵不久，小乌蠋就想吃东西。它爬到那片叶边上，用小嘴啃啃那绿叶。这枸橘叶子的滋味，可真不错，是再合它的胃口也没有了。谁说凤蝶妈妈不顾女儿后来的生活呢？它把女儿生在它所爱吃的枸橘上，这就证明做妈妈的并不是随便安置的。它好像是很有“未雨绸缪”的计算哩。

吃，吃，吃，一天吃到晚。一口都不肯放松，要是放弃了一口，好像对它就有莫大的损失似的。吃了一片又一片。吃完这枝的叶子，再吃那枝，小乌蠋什么工作也不做，只晓得吃，吃就是这时期的天职。

小乌蠋吃得多，长得也快，几天工夫，身体就长得十分肥胖了。它觉得它的衣服——身体外面的皮——太狭小了，妨碍身体的发育。它得换一身衣服才是。它就绝食一天，静伏着办理这件事。

先是旧皮下面生出一层新皮。于是旧皮头部上面裂开来。幼虫先拿头从裂缝里钻出来，再用劲扭动全身，痛苦地、慢慢地把旧皮脱下。

老硬狭小的旧皮脱下来了，换上的新皮很柔嫩，可以伸缩。小乌蠋就趁机会让身体增长。

脱皮是很艰苦的。经过了几点钟的休息，小乌蠋才恢复精力，再开口吃东西。这次比前次是吃得更贪更多了。

一星期或十天后，小乌蠋的身体又吃胖了，而新皮也长老了，硬化了，又变成了身体发育的阻碍。于是它又停止吃食一天，进行第二次的换皮。

吃胖了，就换皮，换了皮，又吃。这就是小乌蠋的生活。换皮一次，小乌蠋就长大一些。一直要长到一寸四分长，它才不再增长。

起先小乌蠋的身体是黑褐色，头尾是黄白色。这有些像鸟类。听说有一次一只欢喜吃虫的黄头鸟，在附近树枝上，明明看见了小乌蠋，却没有啄食它，就是因为把它错认作鸟类。于是有人说小乌蠋的颜色，是“保护色”。这就是说，它靠着颜色的掩护，得到了生命的保障。

后来，小乌蠋长到半寸多长的时候，就全身化装成绿色，散布一些黄赤条纹。它这身绿衣服，也被人认为是它的隐身衣。因为它的绿色跟枸橘的枝叶相似，很不容易给那些不留心的眼睛看出它的行迹;它就借此避免敌人的注意。

这还不算稀奇，更怪的是在小乌蠋那特别粗大的第三节两旁，有一对斑纹，像一对凶恶可怕的眼睛。

有一天，一个小女孩子在枸橘上看见小乌蠋这副凶相，就吓得叫起来:“啊唷，好可怕的虫呀。”

女孩子的哥哥，听见妹妹的喊声，连忙跑来一看，就一面说:“这有什么可怕？”一面伸手去捉这幼虫。

谁知小乌蠋这时候突然从头上伸出一对黄色叉形肉角，同时放出一股怪刺鼻的臭气。那男孩子忍受不了这臭气，连忙把手缩回，就跟着妹妹跑开了。

于是科学家都说，凤蝶的幼虫会利用狰狞的面目，虚张声势，威吓敌人。这一着要是失败了，第二着就一面用肉角示威，一面用臭气御敌，好像人们打仗用毒气一样。

一次又一次的脱皮，小乌蠋最后长到了一寸四分长。这时它已经吃得足够了。于是它就停止吃食，爬到附近树枝上，最后再脱一次皮。

可是这次脱皮后，它不再是小乌蠋的原形了，从头到尾完全变样了。身体不但没有加长，反而缩短了一些。它变成一个没眼，没嘴，没翅，没脚的东西，用一根丝缚在树枝上。形状有点像枣核，或橄榄。人家管它叫蛹，又给它一个别号叫“缢虫”。

缢虫不吃，不动，简直像个死东西。实际上，它仍然是活的，不过是暂时退隐在蛹壳里，静伏着不动，准备一次惊人的彻头彻尾的大变化。

如果它早生一个月，那么它在蛹里只要耽搁两星期，就可以完成它的企图。

可是如今是9月中旬了。太阳渐渐失去夏天的威力。秋风已经吹起警号，报告冷天的临到。草都枯黄了，树木在开始落叶，蛙、蛇、龟这些冷血动物，都往地里钻，准备躲藏在那里面过冬。

临到了这样一个荒凉的节季，一般弱不经风的蝴蝶成虫，那能跟这寒冷的气候对抗呢！可是它们的蛹，有硬壳保护着，倒能抵御风、霜、雨、雪的侵略，保全生命。

缢虫知道秋深了，不是它进行大变化的时候。它就安心隐藏在蛹壳里睡觉，停止变化，静候着暖和节季的消息。

严寒的冬季过去了，接着来了暖和的阳春。缢虫总算平安地度过了寒冬这道难关。可是它还在酣睡着。

时间向来是不肯停留着等待谁的。九十天的春光，已经逝去了八十天。那贪睡的蛹，似乎还没有醒来的消息。

太阳一天热似一天。酣睡的缢虫被太阳的热力唤醒了。它醒来之后，仍然躲在壳里，秘密地进行它早经决定的大变化。

至于它在蛹壳里面究竟怎样变法，因为它保守秘密，所以到如今仍然没有人知道。

奇迹出现了：那个像橄榄似的蛹，居然变化成了一个有翅的蝴蝶。

是在5月的一个明媚的上午，蛹壳背部忽然裂开，钻出来了那美丽的凤蝶。它的形体和面貌跟妈妈一色一样。头上竖着一对像丝的触角，两旁是一对大眼睛。下面卷着一个像钟表弹簧样的吸管式的嘴，在苗条的身体下面是六条细腿；背上装着两对绣着黄色斑纹的黑绒似的翅膀。

凤蝶初出来的时候，样子很糟，全身潮湿。翅膀折皱着，腿很软弱，立起来简直是摇摇欲坠。

受过了空气一番洗礼之后，它的六条腿慢慢儿强硬起来了，同时两对翅膀也缓缓地伸张开来晾干，变硬了。过了一两个钟头之后，它开始轻轻地扇动四翅，反复操练。

最后才大胆鼓动四翅，竟腾空飞了起来，开始它空中的新生活。

轻盈婀娜的凤蝶来到空中，就沿着明耀温暖的阳光，翩飞，回翔。感觉到的是：光明、自由、快活。

碧青深长的杂草，葱茏苍翠的树木，白的、红的、黄的、紫的花，好像都在欢迎它的来临。就是在它幼时讨厌它的人类，现在看见它，也是没有不称赞它的美丽的。

不知是谁还散出了芳香来迎接它哩。那香在空中飘荡，真是芬芳馥郁，使凤蝶沉醉了。

啊，好香呀！是哪儿来的香呢？

一嗅到这香气，凤蝶就连忙去追寻来源，好像猎狗嗅出狐兔的气味一般。

对着香气来方飞去，凤蝶发现香的不是别的东西，正是那美丽的花。好像洒了香水的爱娇的小姐一样，花儿散放出迷醉凤蝶的香气，凤蝶不禁得意忘形，在花上狂舞不息，最后投进花的怀里。花拥抱它，它吻花。

从这以后，凤蝶就成天周旋在百花丛中。由这花投到那花，由这花丛飞奔那花丛。百花为它争妍斗艳。它为百花奔忙。它觉得世界上顶顶可爱的莫如花。花好像是它的第二生命。要是没有花，它的生活也不知变成怎样了？

凤蝶既是这么爱花，又不避忌讳地去亲近花，于是流言不免传遍人间了。

人们一看见凤蝶留连花间，不是张三带笑说："凤蝶爱上了花哩。"就是李四鄙弃地发议论："凤蝶太浪漫了，尽在追逐花。"再不然，就是王五的口里飞出来了"凤蝶给花迷住了"这样的讥讽，文人学士又说它是"浪蝶"。

好在凤蝶不懂人话，不觉得"人言可畏"。一切笑骂对它都等于零。它照常在花间往来。它爱生活，它爱花。花能维持它的生活。花有花蜜，是一种又香又甜的蜜汁。这就是凤蝶活命的养料。

这花蜜是花特为凤蝶它们准备的。花为着要招待它的好朋友，特地由花冠底部或花蕊旁边的蜜腺分泌出花蜜来。

凤蝶的祖宗，为了要能达到花冠深处去吸花蜜，才煞费苦心生出一个长吻管式的嘴。这嘴代代相传，一直传给凤蝶。平时这吸管式的长嘴，卷作螺旋形，好像盘香，收藏在头部下面。肚子饿了，凤蝶就来到花前，伸出长吸管似的嘴，插进花的深处吸食那果子露似的花蜜。

花这样殷勤款待凤蝶，原来它们双方订了盟约的。它们的盟约，是依据互惠的原则互相帮助。花供给凤蝶养料，凤蝶就替花效劳——它替花做媒，所以凤蝶是祖传的媒婆哩。

事实是这样的：

花有雌雄两种花蕊。花要结果子，必得要雌蕊得到雄蕊的花粉才行。有些花的雌蕊得不着花粉，就白开一场，没有结果就凋残枯萎了。

有些花的雄蕊的花粉，是自动地落到本花的雌蕊上。可是有些花却要靠外界的力量做媒介，把这花的花粉传递到那花的雌蕊上。说是这样结成果实种子，要比较强健些哩。所以多数花为了要得着强健的后代，使种族兴盛，都找媒人给自己做媒——传递花粉。

花所请的媒人，有风，有水，有昆虫。大概请昆虫做媒的花顶多。在昆虫媒人当中，顶顶受花欢迎，顶顶有名气的，是蜂、蝶、蛾三大望族。

花很懂虫情世故，它知道昆虫决不肯白白地替它效劳的。它必定要备办一份厚重的酬劳才能请到媒人。所以它特别制造了香甜的花蜜，作为酬谢媒人的筵席。

这还不算。花恐怕昆虫不知道它有花蜜，还用了心计，装上艳丽的冠，散出芬芳的香气，利用美色芳香来招引昆虫上门。这跟商店用金字招牌，装霓虹灯招引顾客相仿佛。

昆虫来到花里，就不客气地享用花备办的筵席，吃这丰盛的筵席的时候，主人就把花粉放在媒人身上，托它顺便传递到别朵花的雌蕊上，完成它的终生大事——受精结子。

所以凤蝶之类昆虫跟花是相依活命的。它们的关系，不是恋爱，却是友谊的互助。可是外界不明真相，就捕风捉影，胡说八道了。

却说凤蝶自从出蛹之后，天晴的日子，大概都在花间过活。太阳起山之后，它醒来就轻轻地挥动几下翅膀，盘旋一会，就起身去寻访百合花。

它和它的同伴们特别欢喜百合花，常常聚集在百合花间。百合花又大又美，颜色洁白，花冠好像喇叭，不过是上部分裂成六片。百合花最欢迎的是凤蝶，也只有凤蝶它们最有资格享受它的盛筵，因为它们有长吸管式的嘴，顶顶适合吸食这喇叭形的花冠底部的花蜜。

凤蝶在花间飞舞游戏；饿了，就伸出长嘴，插进花冠深处，吸食花蜜。它每次吸蜜并不多，现在不像幼时那样贪食了。吸了花蜜，它总要带走一些花粉，预备再飞到别朵花里去完成它做媒的使命。

太阳下山的时候，温度渐渐减低下去。于是凤蝶找到树阴里，收拢四翅，停歇在枝上。到明天，要是落雨，它就不出去。要是晴天，就照常往花丛飞去。

凤蝶这样成天在花间游戏，曾引起了一些人的羡慕，说它过的是神仙生活（他们所谓神仙生活，就是他们所幻想的一种无忧无虑，逍遥自在的生活）。

他们这样看凤蝶，当然是因为他们只看见凤蝶生活的幸福的那一面。其实，在另一面，凤蝶的一生，就是在忧患中求生存。前面说过，它幼时就遇过一些危险。

本来它妈妈生了很多的儿女。可是凤蝶这些兄弟姐妹，活到现在的，却寥寥无几。它们在幼时，有些是被无情的鸟类吞灭了。那些生在柑柚之类果树上的，大概都是遭了人类的毒手——他们用药毒杀这些幼虫。再有些的性命是丧失在姬蜂的手里。

说起姬蜂，可真是凤蝶的死对头。它的模样儿略微有点像黄蜂，身体细长，赤褐颜色；四翅黄色，透明。这种寄生蜂，顶欢喜谋害凤蝶这一族。母蜂们总是拿小乌蠋的血肉来养活自己的儿女。

它们是这样谋害凤蝶兄弟姐妹们的：它们把卵生在小乌蠋们的肥胖的身体里面。卵孵化成幼虫后，就寄生在乌蠋们的身体里面，吃他们的血肉长大。姬蜂幼虫长成的时候，小乌蠋们早已血枯肉尽，只剩下一个空躯壳了。

在那许多敌人围攻之下，凤蝶妈妈生的儿女们，不等到长成，就有很多的被害。就是长成的有翅的成虫，能够在空中自由飞行之后，也一样时常受敌人的威吓。

鸟类和人类，从凤蝶兄弟姐妹们卵的时代到成虫的时代，一直都在跟凤蝶它们作对。凤蝶曾亲眼看见兄弟姐妹和同伴受鸟类人类攻击，杀害。它自己也几乎遭了敌人的毒手。

有一天，凤蝶到一个富翁的花园里，那儿有许多红的，黄的，紫的，白的花，各色花都散出芬芳的香气。它正在一棵百合花上飞舞的时候，不料给主人的小少爷看见了。

那孩子着白反领衫、浅蓝短裤。

凤蝶刚刚一停下来，那孩子就用脚尖偷偷地走到它后面，伸出他那又白又嫩的小魔手来捉它。幸亏它眼快，连忙鼓翅飞跑了。那孩子的佣人，还在旁帮凶，立刻拿把蒲扇来追它。要不是它迅速地飞出墙外，它的性命就难保了。

凤蝶经历了许多忧患之后，使它变得格外机警，不论是遇见了人或鸟，它总是远走高飞，避免祸患。

一层一层的危险，都给它逃脱了。后来一桩喜事临到了它身上。

一个晴朗的上午。凤蝶在一棵百合花上，遇见了一只雄凤蝶。它的模样跟它相像，可是色彩要更浓艳得多。

那雄凤蝶的身上发出一股香气。凤蝶凭触角一闻到这香气，好像阴电遇着阳电一般，就不由自主地跟它亲近。它俩一同翩翩地飞舞，羡煞了许多人间的青年男女。

后来它俩结婚了。结婚的时候，它俩把腹部末尾互相交合着。人们称它们这样结婚为“交尾”。

新婚之后不久，凤蝶的丈夫，就精疲力尽，终于衰弱致死。雌凤蝶不久觉得自己的肚子起了变化，渐渐胀大了。它知道这是要产卵的喜信。

产卵的日子临到了，于是它也像妈妈生它的时候一样，到各处去找枸橘、柑、柚等树木。

它先找到了一棵枸橘，生着碧绿的新枝嫩叶。它选定一片嫩叶，在叶的反面生下一颗卵。于是它又飞到别处去找别的枸橘。它不能把它的许多卵生在一块儿，要是那样，将来许多儿女聚集在一起，很容易吃光一棵树的叶子，结果就要闹饥荒。

这树一颗，那树一颗，它生了多少卵，连自己也记不清，至少总有好几十吧。

卵生完了，凤蝶对种族的责任已尽。这时候，凤蝶也觉得自己非常之衰老，它还想挣扎着活下去，可是它的身体已经不济事了。它终于老死了，像油尽灯熄一样。凤蝶死的时候，大概是在它出蛹后一个月的光景。

鲨鱼侦察兵

郑文光

生日

南海是美丽而妖娆的。在蓝幽幽的海面上，珍珠般洒下了几十个绿宝石似的珊瑚岛，这就是西沙群岛。

西沙群岛的渔人，都是一些久经风浪锻炼、机智而骠悍的海上猎手。他们驾一叶扁舟就敢于出没在风涛险恶的南中国海上——自古以来，这里就是著名的“七洲洋”。几把钓钩，一副潜水镜，一柄利斧，一根梭镖，他们就敢于下海擒拿七八百斤重的大海龟，潜入几十英寻[①]深的海底采梅花参、珊瑚和石花菜，甚至于敢钓鲨鱼。

这儿的鲨鱼大多属于虎鲨一类，个头大，凶暴异常，且不说那血盆大嘴一下子能把一个壮年汉子咬成两截，它那猛烈挥动的尾巴只要擦到你的皮肤，马上就是血肉模糊。但是西沙渔人偏偏喜爱钓鲨鱼。钓钩是普通的钓钩，只不

① 英寻：英美制计量水深的单位，一英寻=6英尺，合1.829米。

过特别大，倒刺十分锋利。钓绳是经受得住上千斤拉力的自来水管粗细的玻璃纤维绳，在靠近钓钩的地方，包上铜片——这是为了防止鲨鱼的利齿把它咬断。乘上一张丈把长的风帆船，钓钩上挂上三两斤肉，血腥味很快就能诱使馋嘴的鲨鱼上钩。被倒刺扎痛的鲨鱼发疯似的逃窜了。钓绳放尽，小帆船就被强有力的鲨鱼拖着在海上风驰电掣般奔驰，在蓝得发黑的海面上激起了骇浪惊涛。这一幕是十分壮观的。这是耐心、胆略和勇气的搏斗。巨大的鲨鱼能够拖着小帆船奔突那么三五十里，六七十里甚至一二百里，才慢慢疲倦了。于是，骠悍的渔人冷不丁提起钓绳，鲨鱼头一露出水面，它还来不及挣扎，一柄利斧就劈进它的头盖骨，鲨鱼登时断了气。

然而，这种钓鲨作业，是20世纪50年代使用的。在我们这故事所叙述的年代里，早就采用机械化方法捕杀鲨鱼了。只是偶尔有那么一两个爱冒险的小伙子，在假日之暇，还重温这种需要高度技巧和胆略的技术，当作是一种体育，一种游戏。就像我们尽管早就有了起重机，却还是需要保留举重这个体育项目一样。而且不知从什么时候起，西沙群岛的孩子们，到十四五岁的时候，就相约着去钓鲨鱼，只有依靠自己手上的利斧，砍杀过一条鲨鱼的人，才被大家公认为他已经成年了，够资格当个渔人了。于是；这种钓鲨作业又成为西沙少年进入渔人行列的一个非正式的考核项目。

沙沙今天刚满十五岁。在南海熏风和热带太阳的沐浴下，他长成一个身材匀称、肤色黝黑、机巧而勇敢的少年。他早就在盘算，怎样度过自己的十五岁生日？答案很快就作出来了：约上两个小伙伴，驾驶渔业队的一条小小的风帆船，去钓鲨鱼。这两个小伙伴，一个叫阿牯，一个叫福海，都比沙沙小一岁。不过这计划暂时还得瞒着家里。这倒并不因为钓鲨作业要冒风险。沙沙的父母都是西沙渔人，他们也是在风浪中搏斗了半生的，他们并不担心自己的孩子闯不过这道关口；而是因为，近日风声不大对头，说是有一支特混舰队正在这一带海域附近出没，蠢蠢欲动，我们所有渔业队出海生产，都要提高警惕，尤其不要单船作业。

这是5月初的一个晴天，属于南中国海最好的天气之一。一大早沙沙就醒过来了。他蹑手蹑脚爬下了竹床，披上一件白褂子，又从竹床下面拖出昨晚早就准备好的、一柄磨得飞快的利斧，光脚丫子往外跑。他居然一点声响也没有发出，到了外面。

天空还刚刚露出鱼肚白。海上吹来的风非常清新，睡意一眨眼就全吹跑了。他把沉重的斧头扛在肩膀，跑到阿牯家门口，轻轻吹了一声口哨。立刻，窗户裂开一道缝缝儿，探出一个黑瘦黑瘦的、机灵的少年的脑袋。他招招手，

阿牯转眼就来到了跟前，只穿着一件红背心和一条蓝色的裤衩。

“嗨，真有点凉哩！”阿牯跳着，他的光脚丫子在潮湿的沙地上印上一个个凹窝，“福海呢？”

“我约好他带着钓绳在艇上等着哩。”沙沙说，“走吧。修网队那伙姑娘仔马上就要来了，叫她们瞧见，多嘴多舌的……”

两个孩子小跑着绕过了渔业队的仓库。从气象台白栅栏边经过的时候，他们猫下了身子——气象台的叔叔阿姨们也是起得很早的。不过幸好，没有遇见人。但是一拐过小果园，冷不丁一双手从后掩住了阿牯的眼睛，沙沙低声喊：“福海，撒手！”

福海是一个浓眉大眼、圆脑袋的孩子，乐呵呵的。他说：“我怕你们出不来哩！”

他们一起上了帆船。沙沙看看卷起的一大盘钓绳，问道：

“肉呢，拿到了没有？”

“这不是？”福海从船板下拎出一副油搭搭的猪肠子来，得意地说：“昨天我去屠宰场买来的。”

“周婶没有问？”

“问啦！我说……沙沙过生日，要吃红烧大肠头！”

“真有你的！”沙沙夸赞道，“好，开船吧，赶紧！”

小帆船在浅海礁盘上轻快地前进。天色很亮了。蓝天上一些飘得很高的云——羊毛似的卷云已经带着玫瑰的色泽。阿牯把手伸到水里。水，还带着夜里的凉意，它是那样洁净，可以清清楚楚看见礁盘上白色的海石花，褐色的石块，和穿来穿去的五颜六色的热带鱼。礁盘边缘，迎着靛蓝色的深海区，一圈白生生的浪花像珍珠项圈一样套住这个珊瑚岛。帆船进入浪花圈，它的头一昂，立刻又一沉，瓢泼大雨似的海水浇在三个少年身上，他们都哈哈大笑起来。

孩子们扯起了帆。进入深海区，船立刻颠簸起来。大海表面上倒没什么，水底下暗涌一个接一个，像是有一个巨大的梭子在摆动。风却很小，帆船行驶得并不快。眼看，天完全大亮了。

“沙沙！”坐在船头的阿牯朝着船尾喊，“有人在沙滩上叫我们！”

沙沙回头一望，他的尖锐的眼睛一下子就认出，是渔业队的程大叔在向他们招手。

“糟糕！”他小声说，“他们不要派艇来赶我们才好！这鬼船，走得比乌龟还慢。”

但是没有什么艇向他们赶来。这时候，仿佛老天爷特意成全他们似的，一阵海风吹过，风帆船猛一掉头，绕着小岛的东南方很快地驶开去了。

现在岛子只看得见一些郁郁葱葱的泡桐和碧霜花丛林，和林木掩映中的小小的白屋。而在他们四周，是一片蓝得叫人晕眩的苍茫无际的大海。

东边天上出现了几缕金光。沙沙猛地站起来，威武地喊道：

“阿牯，福海，准备下钓！”

在惊涛骇浪中

“你们谁带了吃的？”沙沙问两个伙伴。

两个孩子面面相觑。他们一心一意准备钓鲨鱼，不仅没有带任何干粮和饮水，而且早上一口东西也没有吃过。

“我也没有带。”沙沙颓丧地说，“昨晚我还想带几个饭团子和煎咸鱼，可是今天一早，就忘得光光的了。”

“我可以忍着。”阿牯说。

“我也可以。”福海也说。

“如果我们走得很远呢？”沙沙皱着眉头说，“肚子饿，我们就没有力气，鲨鱼即使钓到，我们也没法子把它砍死。”

“那么，怎么办呢？”福海问道。

阿牯提议说：“要不我们上东岛去，老章大爷会给我们点吃的。”

“万一他不让我们再出海呢？”沙沙不安地说，“不。

这样吧，我们再下几只小钩，钓到黄鱼或者鳗鱼，我们就烧来吃。舱板下面总会有灶、锅和火柴的。”

果然，这些东西都有。几分钟前还是垂头丧气的这三个孩子，一下子又精神百倍了。阿牯和福海两个，一人把住一边船帮，放下了带小钩的尼龙钓丝。没有什么鱼饵，他们就从那副猪大肠里撸下一些油来，抹在小钓钩上。

太阳已经露头。现在海面上跳跃着几万点亮晶晶的闪光，就像有几万个小太阳在海上跳跃。海是蓝的，蓝得深沉、凝重。天也是蓝的，蓝得柔和，明媚。几丝薄纱似的云彩在慢悠悠地飘荡。沙沙紧紧压着舵梢，目光炯炯地注视着海天相接的远方。他看见，浪花飞溅处，出现了一条细线似的东岛的影子。但是他并不朝岛子驶去，使劲儿一扳舵，他把小艇折向北方。

“梭鱼！”阿牯喊道。他的手灵巧地一扬，一条很大的、差不多有手臂长的梭鱼就在半空中挣扎，闪着银弧色的光。阿牯熟练地把梭鱼摔到船板上，福海立刻扑过去，不顾梭鱼的坚硬的胸鳍和腹鳍扎得两手发痛，还是紧紧捉住了这条又胖又滑的鱼。

“烧吧？”福海仰起头问道。

沙沙想了想，说：“最好再钓一条。我们要吃得饱饱的。鲨鱼一上了钩，我们什么也顾不得吃啦！”

这句话刚落地，帆船马上往下一沉。他们只来得及看见一个巨大的尾鳍在船头拍打——鲨鱼上钩了。

福海立刻撒了手。哈，真想不到鲨鱼这么快就上钩。这条鲨鱼可真大！没有一千斤至少也有八九百斤。阿牯看得清清楚楚，它的背脊差不多是黑色的，那两扇胸鳍，就像大舢板的两把桨，被钓钩紧紧扎住的大嘴露出吓人的獠牙。鲨鱼左右摇晃着，时时把白色的肚皮翻转过来。它在猛烈地挣扎。帆船左右摇晃不休，三个孩子紧紧趴在船板上，提心吊胆，生怕掉到海里去。

那条梭鱼，早就不知蹦到什么地方去了。钓绳已经放完，鲨鱼在帆船前方二十多米处奔突，掀起的浪头把小船冲击得像是秋风中的一片落叶。

这是巨大的喜悦和巨大的恐惧交织在一起，钓鲨人的心情就是这样。什么肚子饿，什么疲劳，全丢到脑后面了。三双眼睛紧紧盯着鲨鱼，三颗心光想着上了钩的鲨鱼，他们不看方向，不看天，也不看海，他们什么也不看了。

这条鲨鱼力气很大，虽然上了钩，拖着这么一条船，仍然奔驰得非常快。幸好它是逆风前进的，张满的帆给它增加了阻力。但是这一来，小船颠簸得更厉害了。不大一会儿工夫，福海已经脸色苍白。他趴在船板上，把头伸到船舷外面，想要呕吐。但是从早起他还没有吃过东西，结果干呕了半天，什么也呕不出来。

“抓住他的腿！”沙沙喘息着对阿牯说，“这时候，千万不能掉下海！”

几个孩子虽然都是水性很好的西沙少年，可是海里有一条负伤的鲨鱼，就决不能下水了。你看那强悍有力的鲨鱼尾巴，左右拍打，把海水打得泼拉泼拉地响，你就知道这家伙力气还有多么大。他们已经出去了十里？二十里？三十里？不知道。鲨鱼的力气却一点儿也不见减少。

但是海风大起来了。南海的天气是变化无常的，转瞬之间，南方天边升起了大片的砧形云，接着就是劈头劈脑一阵急雨。雨水打得船板劈啪响，和激溅上来的浪花汇合在一起，冲刷着船板。灶翻了，锅也掉下海去。三个孩子紧紧抱住桅杆，让豆大的雨点无情地敲打他们，让呼啸的海风刮得他们蒙头转向。沙沙不小心一仄身子，身下压着的那柄斧子就滑了出去，他和福海两人同时扑上去抢救斧子，斧刃擦伤了福海的肘子，但是斧子被紧紧捉住了。

“落帆！”沙沙喊道。现在风太大了，过于涨饱的帆有撕裂的危险。但是帆索虽然解开，帆还是不容易落下来。阿牯冒险地往上一窜，紧紧攥住帆面，沙沙和福海就抓住他的两只脚丫。帆落下来以后，船的颠簸稍稍好了一点儿。但是海面的浪涛一点儿也没有减弱的趋势。曾经轻快地闪烁着万朵太阳光的大海变成铅一样沉重的灰黑色。大海在深处低低地嗥叫，长浪一个接着一个，小帆船颤栗着，似乎快要散架了。幸好这时雨停了，三个孩子才有机会喘一口气。沙沙察看着福海被斧刃擦伤的肘子，关切地问道："疼吗？"

福海摇摇头，把肘子缩回来。这时候，帆船也慢下来了。看来鲨鱼已经筋疲力尽了，但是钓鲨的人同样也筋疲力尽。又这么慢悠悠飘荡了一会儿，沙沙才强打起精神，蓦地站起来，从肺腑里迸发出：

"阿牯，福海，起钓！"

他抄起那柄千辛万苦保存下来的利斧，跌跌撞撞向艇头走去。鲨鱼还在作最后的挣扎，但是它已经力不从心。阿牯和福海一寸一寸地收拢钓绳，而鲨鱼和帆船的距离也一寸又一寸地缩短。这真是一个吓人的大家伙，它的丑恶的脑袋在扭动，它的大嘴巴在有气无力地噏张着。它逐渐靠近了。沙沙鼓了鼓劲儿，举起了闪闪发光的利斧。

这是一场紧张的搏斗。好几次，两个孩子差一点没捉住钩绳，又让鲨鱼蹭出去两三尺。但是他们咬着牙，用尽最后一点力气。终于在船头看到了鲨鱼的瘫软的身子，一双凶暴的眼睛半闭着，它的头慢慢露出水面。沙沙等候着时机，他马上就要把斧子抡起来，劈下去了……

三十一号岛

沙沙突然吓了一跳。因为他分明听到了很近的地方有人说话：

“别砍！”

声音不高，却十分威严。沙沙回身一看，他们风帆船后面竟跟着一条漂亮的白色小汽艇。刚才想必精神太紧张了，他们一点儿也没有察觉。艇头前甲板上站着一个老头：花白的头发，红光满面，一双神采奕奕的眼睛。老头身上穿一件白大褂，好像是一个老医生。

“我帮你们把鲨鱼捉住，好吗？捉活的，不比砍杀了更好？”

三个孩子都瞠目结舌。捉活的？你别看鲨鱼尽管已经筋疲力尽，可是如果把它搁在小汽艇甲板上，转眼之间，艇上的人都得叫它有力的尾巴扫下海去，要么就是鞭挞得头破血流。沙沙想着，仍然不放下斧子，问道：

“大夫，”他心目中已经认定那老头是一位大夫了，“您是要给鲨鱼治伤吧？可是当心，它还是会吃人的。”

“不会不会。”老头儿开心地笑着，转过身子，喊道，“小温！”

驾驶舱里出来一个青年人，眉清目秀，看样子比沙沙大不了两三岁。他手上拿着一根枪管很长的枪。

“哎呀，你们要射死它！”沙沙惊呼道。

“不是不是！”老头儿笑着解释，只见小温端起枪，瞄准鲨鱼头部，一扣扳机。枪声不很响亮，只不过像开瓶塞一样，“扑”的一声，沙沙还来不及看清楚，转眼之间，那条鲨鱼就躺在水面上不动了。不过叫人不解的是，它身上没有一点血迹。唔，这是一颗什么子弹呢？为什么这么一个凶猛的海上霸王会轻轻巧巧地送了命呢？他满腹狐疑。这时，老头儿又说：

“你们把钓钩摘下来吧，我要把鲨鱼运走了。”

阿牯立刻被针扎似的跳起来：“把鲨鱼运走？说得好自在！我们追了它一整天哩。这不，从早起到现在，一滴水都没下肚！”

福海也气鼓鼓地说：“你们懂得点西沙渔人的规矩没有？要抢劫吗？”

沙沙摆摆手，不让小伙伴说下去。他走到船尾上，尽量温和地说：

“大夫，您是要这条鲨鱼来做试验吗？”

老头儿和小温交换着眼色，后来老头开口了：

“唔，猎鲨的小勇士们，我不是要占你们的便宜，我只不过帮你们捞起它——它准有千把斤重哩，你们能把它拉上船吗？”

“那么你能？”阿牯不服气地问。

老头儿一点儿也不生气，说：“我能。”

他摆摆手，小温立刻又钻进驾驶舱里。只听见汽舱发出一阵轻微的营营声，它的头部张开了一个大口。船舱深处伸出一个铁爪子，慢慢伸向一动也不动的鲨鱼，一下子把它捉牢了。

“停！”老头儿喊道，又对孩子们说，“把钓钩摘下来吧，它陷得挺探哩。”

阿牯和福海惊讶地看着这一幕。但是沙沙已经爬在船板上，整个身子探出船外，把手伸进鲨鱼张开的大嘴里。阿牯喊：“当心！”他怕鲨鱼忽然又活过来，沙沙的那只手就得咬断。但是什么事情都没有发生。只不过钓钩扎得太深，它整个儿扎进鲨鱼的上颚去了。过去猎鲨的谁干过这活儿呀？杀死了鲨鱼，斧子一劈，头盖骨裂开来，钓钩自然也就出来了。现在他得把钓钩一点点往后倒，弄得整条臂膀都是血。

“算了吧！”老头儿又说，“你会把鲨鱼的口腔弄坏的。我说，小伙子们，你们把钓绳砍断吧；到了岸上，我保证把钓钩给你完整地摘开来。”

这番话声音不大，却使人觉得很有道理。阿牯和福海已经消了气，但是不肯动手。沙沙挥起大斧，轻轻一剁，钓绳果然断了。老头儿挥挥手，汽艇又营营响着，铁爪子把鲨鱼抓到船舱里面，然后关上了舱门。

“好啦，小勇士们，你们叫什么名字？”老头儿亲切地问。

“他们叫阿牯、福海，我叫沙沙。”

“好的，沙沙，阿牯，福海，你们三位，请上这条汽艇。你们的那条船，就系在我们汽艇后面好了。我邀请你们上岛，做我的客人。放心，我会证明，鲨鱼是你们钓的，你们已经够资格当个西沙渔人了。

唔，这老头儿还挺懂得西沙群岛的风俗呢！沙沙望望两个小伙伴，经过一天的风吹浪打和艰苦的搏斗，又滴水未进，他们俩都是一副狼狈相。他再低头看看自己，也好不了多少。这算什么勇士？而且还要到人家那儿作客去！唔，看样子，老头儿是一个有学问的人，他不会白要他们钓到的鲨鱼的。

“走！”沙沙摆摆头，对两个小伙伴说。他弯腰拾起船头上的缆绳，一纵身就跳过汽艇。然后他使劲儿一拉，帆船差不多跟汽艇并排了，他才沿着艇舷走到汽艇尾部，把缆绳系在后甲板的一只锚钩上。

“你们看，”老头儿走到三个孩子身旁，指点着说，“我们的岛就在这儿。”

三个孩子极目望去，果然看见一个被白浪环绕的很小的岛，并不很远，还不到一海里远哩。他们早先追踪鲨鱼时精神太紧张，一点儿也没有看见。岛子上有许多树，绿阴阴的，却看不见什么房子。

“你们这是什么岛？”沙沙问。

“它还没有名字，我们叫它三十一号岛。哦，对了，介绍一下我自己吧，我叫杨西沉，生物物理学教授。现在，请你们安心做我的客人吧。”

老头儿又挥挥手。汽艇发出轻微的震动，拖着风帆船向岛上疾驰而去。

巡龟去

出乎孩子们的意料，这个岛有许多房子，而且盖得十分雅致，比他们自己岛上渔业队的房子强多了。只不过岛上的房子都漆成绿色，隐蔽在泡桐树丛深处，不容易看出来罢了。

上了岛，杨教授让小温带孩子们去洗澡。

他们走进一座有着漂亮的门廊的房子。沿着门廊走几步，就来到浴室。嗨，真是一辈子也没见过这样的浴室！闪闪发亮的瓷砖铺的地面，十分漂亮的浴缸，还有花朵一样盛开的枝形吊灯。小温在门口站住，对他们说：

“小家伙，把衣服都脱下来给我。”

“干嘛？”阿犋瞪着眼睛问，“我们自己会洗衣服！”

小温不耐烦地说："谁说过要替你们洗衣服哩？要给你们的衣服消毒。我们这里不能有任何细菌。快，杨教授还等着你们吃晚饭呢！"

孩子们交换了一下目光，还是服从了。脱得精光的三个孩子跳进浴缸，洗了他们生平第一个热水浴——西沙渔人是一年到头都用冷水洗澡的。他们注意到，水里有一股子怪味，而且有些浑浊，但是洗起来十分舒服，皮肤滑腻腻的，而且疲劳马上消失得无影无踪了。

"喂，沙沙，"阿牯小声说，"我们这是到了什么地方？"

"我也不知道，"沙沙摇摇头，"也许是个医院？"

"一定是的。"福海热心地答道，"你没听到，衣服都要消毒。"

"这洗澡水很怪。"沙沙又说，"一定放了什么药，可能也是要给我们的皮肤消毒。"

"这老头儿倒挺有意思。"阿牯猜测道，"沙沙，生物物理学家是干什么的？"

沙沙沉思了一会儿。

"他是一个科学家，也许需要用鲨鱼做研究工作。这鲨鱼就送给他吧——反正我们又没有钓上来。"

"我们不是差一点儿……"

"嘘，别说了！沙沙伸出一只手指。这话说得正是时候，因为这时门开了，小温拿着一叠洗干净而且叠得整整齐齐的衣服进来，说："小家伙，还没洗完！快穿衣服，杨教授请你们去吃饭哩。"

三个孩子赤条条地从浴缸里跳出来，把衣服接过来。咦，真是他们自己的衣服，但是完全干净了。

瞧着他们发楞的样子，小温又说："擦干身子再穿。喏，毛巾就挂在那儿。唉，你们没洗过澡还是怎的？快！"

十分钟之后，他们就在一间宽大的饭厅里，面对着丰盛的菜肴，和杨西沉教授一起进餐了。

噢，从早晨起就饿着肚子的孩子，面对这好像魔法变出来的一桌菜：红烧海龟蛋、清蒸石斑鱼、梅花参炒肉片和一些他们从来未见过的味道鲜美的食品，有多馋呀！他们也不客气，大口大口吃起来。杨教授却吃得很少，只是很有兴趣地看着三个孩子狼吞虎咽，有时和小温低声说句把话。当三个孩子终于放下筷子，拍拍肚皮的时候，天色已经完全黑了，灯亮起来。杨教授说：

"孩子们，你们累了一天，睡觉去吧！……噢，我已经和你们岛上通了电话，通知你们的家长让他们放心。"

"杨……伯伯，"沙沙低声说，"这儿，是什么……地方？"

"嗨！"杨教授笑起来，"明天我带你们参观一下。好吧？今晚，先睡觉。小温已经给你们准备好床铺了。"

西沙人从小就习惯在硬铺板上铺张席子，一个枕头，倒头便睡，只有在冬季才加一条线毯子。可是这儿，床垫是柔软的，床单是洁白的，枕头是松软的，还有一条非常漂亮的绿色提花毛毯。三个孩子虽然身子已经洗得十分干净，可是看看自己被太阳和海风吹得黧黑而粗糙的手脚，还是不敢躺到床上去。小温一再催促着，而且马上给他们关了灯，才离开房间。

三个孩子一下子睡熟了。他们既听不见岛上海风的啸叫，也听不到海面上浪涛的喧声。至于这栋房子，简直没有一点点音响，仿佛除他们之外没有一个活人。他们睡了不知多少时候。沙沙先醒过来，发现屋里有点亮光，他仔细一瞧，原来一弯残月正好照到窗棂上，在地板上投出淡淡的月色，屋子里的家具也都蒙上一层灰蒙蒙的光。

沙沙感觉到一天的疲劳和睡意全都消失了。他蹑手蹑脚走向窗前。噢，他虽然是在珊瑚岛上长大的，可是什么时候他也没有发现岛上的夜色有这么美。这个岛并不比他们自己的岛大，可是树木非常多，而且除了泡桐树，竟然还生长着一些他叫不出名字来的高大的树，正开着细小的粉红色的花。窗户外面正好有这么一棵树，透过浓密的枝叶看去，他看到了大海，被朦胧的月色照着，充满神秘和幻想。他又看到了月色下发白的一条窄窄的沙滩，一个人影也没有，一点动静也没有。他望望月亮，想起今天已经是阴历二十五了。残月已经升得那么高，该下半夜啦！

他转回身子，不小心碰了一下花盆架子，发出了响声。

于是他听到了阿牯用清晰的、一点不带睡意的声音问道：

“沙沙，可有什么新发现？”

“没有。

“你睡够了吗？”阿牯嘟囔着说，“我可睡够了。真好！我一点儿都不乏了。要不，我们一起出去走走？”

“干什么去？”

“巡龟。”阿牯说着，翻身下了床，披上衣服，“这会儿正是海龟上岸生蛋的时候，我们三个到沙滩去，捉一只龟，好吗？”

“我怕我们三个人翻不过一只龟。”

“你呀，沙沙！鲨鱼我们都敢斗，海龟又有什么了不起？它在海里力气是很大的，但是一爬上沙滩，只要我们三个人扒住它的壳，用劲儿一掀，它就得四脚朝天，再也跑不了啦。明天，我们再请杨教授和小温，美美吃一顿龟肉……”

这主意是这么吸引阿牯，他也不等沙沙答应，就去推醒邻床上的福海。福海揉着眼睛，低声嘟囔着，但是一听到阿牯的主意，他的睡意立刻跑个精光。

“可是，我们还要下楼，要惊动小温的，而且……”沙沙犹疑地说，“可能大门还是闩上的。”

“那有什么？”阿牯说，指指窗外的树，“这不是一架现成的梯子？来，悠下去。”

他不等沙沙再说什么，右脚早就跨过窗棂，一纵身，消失在浓密的枝叶中了。

秘密

三个人在沙滩上毫无声息地走着。光脚踏在有点潮湿的沙子上，感到很舒服。海风吹来，他们觉得有点凉意。可是他们不在乎。在家乡的岛上，他们也巡过龟，却只能当大人的助手。他们没有单独和海龟打过交道。而现在，经过了一天的惊涛骇浪的搏斗、奇迹般地登上这个三十一号岛以后，他们觉得自己突然变成大人了。的确，鲨鱼他们没钓着，但是谁也不能否认，他们是真正的西沙渔人。

这种思想使得他们昂起了头。天气很晴朗，星星又多，又亮。确实是下半夜了，银河已经升到头顶，像是要把天空劈成两半似的。他们也认出了银河两边的织女和牛郎。这些海岛上生长的孩子都是很熟悉星星的，他们叫得出许多星星的名字。但是此刻，他们没有说话，只是用警惕的目光扫视着沙滩，看看是否有一只产卵的海龟正匍伏在什么地方。

但是他们没有看到海龟。全岛都是静悄悄的，只有浪涛拍打着礁盘，和岛上树木在海风吹拂下的沙沙声应和着。三双眼睛睁得大大的。他们快要走到岛的那一头了。阿牯似乎看见沙滩和树林子接壤的地方有什么东西蹲踞着。他拔腿跑了过去，却原来只是一丛菠萝麻。一反身，他的手碰到一根冰凉冰凉的钢丝绳——原来这是钢丝绳织成的栏杆哩！突然间，头上有一个黑乎乎的东西迅速地落下，灯光一下子亮了，同时响起了尖锐刺耳的铃声。

沙沙和福海在明晃晃的灯光下看得清清楚楚：阿牯已经被一个大铁笼扣住了，就像动物园里关猛兽的大铁笼一样。他拼命地摇晃，但是铁笼纹丝不动。沙沙和福海正要过去帮忙，却听到了嘈杂的脚步声，跑出来十几个年轻精壮的小伙子，不言不语地把他们包围起来。最后，旁边一栋房子的门槛上，出现了杨教授和小温。一看见这场面，杨教授摆摆手，十几个小伙子像听到号令似的撤退了，转眼间，笼子又升起来。阿牯急忙奔向两个伙伴。

“原来是你们！”杨教授惊讶地说，“深更半夜，你们出来做什么？”

“我们起来巡龟。”沙沙闷闷不乐地说。他们竟在这样狼狈的境地下又遇见这个杨教授，决不是什么值得自豪的事。

“巡龟？”杨教授的花白胡子一翘一翘的，他扭头瞧着小温说，“他们出来巡龟，听见没有？”

“巡龟就是……”沙沙想解释。

“好了！”杨教授习惯性地挥了挥手，“我知道，巡龟就是把上岸生蛋的海龟捉住，翻个个儿，对不？不过我们这岛是没有海龟游上来的。”

“为什么？”

“你们可真好奇！怎么说呢？礁盘边上也都有那些个笼子，海龟一爬上来，就被扣住，像刚才阿牯一样。唉，我原说过明天带你们参观一下的……好吧，跟我来。”

他们紧跟着进入那间灯光通明的屋子。这时，沙沙才注意到，杨教授和小温都是穿得整整齐齐的，杨教授连白大褂也穿在身上，好像这一夜他们压根儿就没有上过床。他们彻夜忙些什么？沙沙琢磨开了。

但是他马上大吃一惊：穿过走廊后，他发现他走进一间很大的实验室，实验室当中是一个非常巨大的长案，上面竟赫然躺着那条他们钓上了、追踪了一整天的大鲨鱼！

三个小伙伴不约而同地喊了一声。

杨教授一点不以为意，伸手从旁边一个小茶几上拿起一根绳子递他们，这正是他们的钓钩。

敢情杨教授在给鲨鱼摘钓钩来着！

鲨鱼依然静静躺着，像死了一样。这大家伙，现在放在屋子里，更显得蠢相了。看着那副丑恶而凶暴的样子，这三个西沙群岛长大的少年也感到不寒而栗。杨教授再三请他们坐下，他们却只是你望望我，我望望你，然后眼光又一齐投向鲨鱼，他们眼神中的惶惑和狐疑还没有消失。

杨教授走过来，一手一个地把他们摁在椅子上，定睛瞅着他们说：

“你们以为我在给鲨鱼治病，或者做解剖么？……那怎么可以？这是你们的战利品呀！”

沙沙脸孔涨得通红：“我们不要了。……您有用，就留着吧。”

“我有用？”杨教授忽然哈哈大笑起来，“小温，听说没有？……我当然有用，用途大着哩。过来，”他拉着沙沙的手，又用另一只手招呼那两个孩子，“你们都过来，看看。”

他带着孩子们一直走到鲨鱼头部。他指点着鲨鱼两只眼睛之间。

“瞧瞧，这儿有什么？”

沙沙弯下身子，几乎把眼睛贴在上面了，才勉强看出，这儿刚刚动过手术。有一块香烟盒那么大的皮肤，是用极细极细的羊肠线缝上去的。

“噢！”他恍然大悟地说，“杨伯伯，您把什么东西缝在鲨鱼脑袋里了。”

“真聪明！”杨教授夸赞道，搓着两手，满脸是得意的神色，“这是我第十四次动这样的手术了。”

第十四次！这是什么手术呢？

沙沙没有发问。他知道，杨教授马上就要把一切告诉他们的。

但是老头儿却不急于说话。他走开去，拿了一大瓶橘子汁、几个杯子，摆在小茶几上，咕嘟嘟倒了几杯橘子汁，一杯一杯地塞在孩子们手里，自己也拿了一杯，喝着，说：

“你们知道，鲨鱼是海里游得最快、航程最长的动物之一。它是海中的霸王，几乎没有什么动物斗得过它，它却能吞噬一切动物，连比它大许多倍的鲸鱼它也敢于攻击。”

作为渔家少年，沙沙他们对于这一点是知道得很清楚的。

“现在你们来。”杨教授匆匆放下玻璃杯，又拉着沙沙的手走，两个小伙伴也一声不吭地跟在后面。他们从一道旁门，进入另一间屋子。杨教授开开灯。灯并不很亮，不过他们也看清楚了，这是一间放着许多仪器的屋子，墙的当中有一个大电视机。杨教授让他们在一排椅子上坐下，走过去就拨弄电视机下面许多按钮中的一个。

忽然，电视机屏幕上出现了一个色彩缤纷的海底世界：红得像血一样的珊瑚丛，白色的沙丘，巨大的昆布，以及在其中游来游去的奇形怪状的鱼。虽然是西沙群岛的孩子，他们却还只是在海面上和礁盘上泅游过，在深海里，即使他们潜下去，也没法儿看清楚。所以这幅美丽的深海景色把他们吸引住了。奇怪的是这幅海底景色变换得非常快，仿佛拿摄影机的人正以很高的速度泅游着，而且时时回转着身子，有时忽然镜头往上一窜，有时又沉向更深的海底。

“你们知道这电影是谁拍摄的吗？”

一道思想的闪光突然来到沙沙的脑子里，他犹豫不决地猜测着：

“难道是鲨鱼？”

“对了！”杨教授拍拍少年的肩膀，显然对他的聪明很欣赏。

“难道缝在鲨鱼头上的是一架摄影机？可是镜头又没有露出来……”阿牯问道。

“不。”杨教授随手关上了电视，“我们缝在鲨鱼头部的，不是摄影机，也不是录像机，而是一具探测器。它当然没有镜头，鲨鱼的眼睛就是它的镜头。你们看到的，是第七号鲨鱼眼中看到的景物，它正在你们岛附近游弋哩。水下的景物反映到鲨鱼的眼球的网膜上，又传到它的大脑皮层，它的大脑皮层马上就产生一些微弱的电流，这叫做生物电。我们这具探测器就能把这些生物电流放大，频率降低，透过海水，发送到电视机的屏幕上。明白吗？你们想，海底黑黢黢的，我们自己要是潜入那么深的海底，没有照明设备，是什么都看不见的。但是鲨鱼的眼睛却十分锐利，你们看，把海底的景物都看得多么清楚！用它来当大海的侦察兵，不是很合适的吗？”

“可是，”沙沙犹疑地说，“鲨鱼并不总是在附近回游的……”

“它可能游得更远，是吗？”杨教授眯细他的十分明亮的眼睛，“不错，鲨鱼可以从我们西沙群岛一直游到澳洲。但是经我们动过手术的鲨鱼，却不会游那么远。因为我们缝在它脑子里的探测器，同时又是一具控制器。我们可以发出指令，让这个仪器刺激它的大脑，产生一些生物电流，指挥它往我们指定的海域游去。”

“原来这样！”沙沙赞叹道，“这个仪器一定非常复杂了？”

杨教授随手在电视机旁边的箱子里拿起一个香烟盒那么大的、用金属密封的小方盒，递给沙沙。

“就是这个。它确实非常复杂，但是却很小。把它装在鲨鱼脑子里，它甚至自己也觉察不出来。好了，隔壁那条鲨鱼快要醒了，得赶紧送回海里去。”杨教授领着三个少年走回大实验室，说，“你们看，这条鲨鱼叫你们砍死了好呢，还是给我当侦察兵好？”

不等他们回答，杨教授就给小温打个手势。小温走开了，不大一会儿工夫，就有一辆大汽车直接开到实验室门口，几个小伙子走进来，推着那条鲨鱼躺着的长案（它底下原来有几个钻铲)一直推到汽车肚子里，马上开走了。

“好了！”杨教授挥手说，“快回宿舍睡个回笼觉。你们看，天都快亮了。你们不睡，我也要睡啦！小温，送他们走。”

疑团

三个孩子回到屋里，哪里还睡得着觉？他们七嘴八舌议论起来。

“真神！”福海嚷嚷道，“那么一个小盒子，却管得住这么大的鲨鱼，叫它当侦察兵，这老杨伯伯，一定有什么法术！”

“什么法术？”阿牯说，“这就叫科学，你懂吗？”

“要是给你脑袋里也装那么一个玩意儿，也能叫你往东，你就不敢往西了？”

阿牯目瞪口呆了。

“我还不明白，我亲眼看见鲨鱼被一枪打死了，却又说没有死，还要醒过来呢！”福海又说。

这下阿牯又来劲儿了：

“它当然没有死，开的那枪我看八成是麻醉弹……”

“什么麻醉弹？”

“就是弹头带麻醉药的，好像注射一针麻醉药一样。医生动手术不是都给病人注射麻醉药吗？我听说，动物园的人上山捉大象，也是打的麻醉枪，要不，大象力气那么大，什么人能把它降伏住？”

这回轮到福海目瞪口呆了。

沙沙没有参加争论。他脑子里一个劲儿捉摸：这位杨教授究竟是什么人？他要那么多鲨鱼侦察兵干什么？单单为了在电视里看看海底的景色吗？

他看看墙上的挂钟，已经五点。天色已经很亮。他渴望时间快点过去。他相信在吃早饭的桌子上，一定又会看见杨教授，这时可以直截了当地提出他心里想到的问题。

但是吃早饭的桌上没有杨教授，只有小温陪他们吃早饭。沙沙问杨教授哪儿去了？小温只淡淡地说：

“他睡了。昨晚他折腾了一夜哩。”他又补充说，“吃过早饭，我也要去睡了……你们也休息休息吧，别乱跑，小心又把你们装在笼子里。”

孩子们闷闷不乐。老实说，昨夜阿牯被笼子扣住的时候，他们是吓坏了。但是这又增加沙沙一个疑团：如果只是给鲨鱼做手术，为什么要防范得那么森严呢？而且听杨教授说，礁盘边上似乎也安装了这套设备，又为的防什么人？只是防备海龟上岸生蛋吗？

“我们还得出去走走。”回到宿舍后，沙沙对两个小伙伴说，“你们敢不敢？”

“去！捉住了又怎样？”阿牯勇敢地说，“杨伯伯会出来放我们的。”

“只要小心点，就不怕。”沙沙说，“昨晚主要是黑咕隆冬。现在大白天，大家睁大眼睛，瞧仔细了再迈步。”

于是他们又走到外面来了。

多么好的天气啊！天瓦蓝瓦蓝的，几乎没有一丝云彩。太阳刚刚离开海平面不久，还是红通通的。海面上显得平静多了。他们走了几步，这才发觉，许多地方都有用钢丝绳编织起来的栏杆。他们如果不碰这些栏杆，哪儿也去不成。

“我们上礁盘游泳去，总可以吧？”福海提议道。三个孩子敏捷地走到沙滩上，脱去衣服，一人只穿一条小裤衩，就下水了。礁盘水很浅，大约只有一米深光景。水十分清澈，从上面清清楚楚看得见那些白色的海石花，和在海石花中窜来窜去的颜色鲜艳的小鱼。蓦地里，阿牯弯下身去，捡了一个很漂亮的虎斑贝，得意地喊起来：

“你们看，我捡到什么？”

两个伙伴凑过去。果然是一个十分漂亮的虎斑贝，又大又亮，雪白的底子，深褐色的一个个圆点子，比最好的瓷器还要晶明透亮。阿牯只让他们看，却不肯撒手。福海羡慕死了。他也发了狠，一个劲儿在礁盘里找，不大一会儿工夫，他找到了一个茶褐色的、布满乳状花纹的贝壳，也很好看。

但是他却不认得。他把两个小伙伴叫到身边，举起给他们看。

“这叫五彩蝾螺。”沙沙说，“我们家就有一个，是我爹在东岛捡的。这种贝壳现在已经很少见了。”

听说很少见，福海得意极了，阿牯要多看一眼他都不让。他紧紧擒在手心里，又低头去找。

忽然，沙沙指着不远处用排竹拦开的一小块礁盘，说：“这是什么？去瞧瞧！”

福海却有点害怕：“不要又是暗藏了什么机关吧？”

“不会。这是在礁盘上。而且那些都是竹子。我们岛上捉到海龟，不也是用这个法子养着的吗？”

沙沙跑过去了。两个小伙伴也跟着跑过去。

排竹拦得很严密。幸好竹子并不高，刚刚超出水面两三尺光景。他们只要踮起脚尖，就能一眼看清楚里面是什么东西。但是他们很失望，原来里面只是养了几十条两三尺长的黑褐色的鱼。

“你们知道这是什么鱼吗？”沙沙问。

两个小伙伴都摇摇头。

“这是鲫鱼。看到没有？它们头顶上都有一个椭圆形的硬块，就像图章一样，所以叫做鲫鱼。这个图章可厉害呢！它是一个强有力的吸盘，能够吸住任何东西……”

“怎么吸？”阿牯问。

“我听爸爸说过。鲫鱼游泳的能力不很强，但是能够吸附在大鱼的肚子上，让人家带着它走。它甚至能够吸附在船底上，不管是木船、铁船，它都能够吸附得紧紧的，多大的浪也冲不走它。这样，它就有可能跟着大船远航几千里。”

“这可是免费的乘客呢。”阿牯笑道。

“我要是也长这么一个‘印’该多好。要去哪儿，自己不用花力气，人家就把你带走了。”福海缩着鼻子说。

“这是懒蛋的思想。”阿牯评论道。

福海不服气，刚要反驳，叫沙沙拦住了。沙沙问：

“他们养那么多鲫鱼干什么？”

阿牯问：“好吃吗？”

“我可没吃过。”沙沙摇摇头，“不，这不是养来吃的，你们看昨晚那顿饭，他们的伙食有多好！用得着吃这么几条小鱼？不，一定有名堂……”

他心里又产生新的疑团。

“我进去抓一条出来看看。”阿牯说。

“不行！小心又要出事。”沙沙拦阻说。但是阿牯已经敏捷地翻过竹栏。恰好这时，岸上有一个人大声叫唤：

“小家伙们，又淘什么气呀？快上来。”

是杨教授。沙沙和福海撒腿就朝岸上跑。阿牯也赶紧翻出竹栏，跟了过来。

追捕黄鱼群

“我就知道你们不会安分守已的。”杨教授说，“我才睡了一会儿，就赶紧起来了。你们呀，真是，不怕笼子吗？”

“可我们……”沙沙嗫嚅着说。

“又有那么多疑团需要打破，是吗？”

三个孩子点了点头。

“好吧，提吧！”杨教授假装叹了口气，“反正都得满足你们的好奇心——谁叫我请你们来呢！”

他们向杨教授的屋里走。一边走，一边沙沙就把他想到的问题一个个提出来。阿牯和福海也七嘴八舌地说话。杨教授好像心不在焉地听着，嘴里不住地“嗯，嗯”，却不回答他们的问题，只是把他们领到一间屋子里。这间屋子可了不得整整一面墙上都摆满了电视机，而且全部打开了，全都是各式各样的海底景象。一个长得墩墩实实的小伙子聚精会神地同时看着这十几部电视机。杨教授进屋后，就问：

“小罗，有什么新情况？”

“没有。”这个年青人回答道。

杨教授让孩子们一架电视机一架电视机地看过去。第一架电视机的屏幕上，看到了肥胖的石斑鱼懒洋洋地游着，珊瑚丛里不时伸出条小虫来，海星在沙质的海底伸展着它的腕足，一只忙忙碌碌的虾正在挖掘它栖身的洞穴……沙沙注意到，这架电视机的镜头移动得十分缓慢。

“这是十四号。”杨教授对他们说，“就是你们钓上来的那条鲨鱼，你们看，它活过来了，但是麻醉药的劲儿还没有过去，它游得很慢。现在我们再看十三号。"

这个电视屏幕的景象表明，十三号鲨鱼没有潜入海底，而是在浅海处徘徊。透过浅浅的海水甚至能够看见天空的太阳和云彩投下的黑影。一只很大的玳瑁忽然在镜头中掠过去了。然后是疯狂的追逐。大概这条十三号鲨鱼要追捕这只玳瑁。在电视屏幕上只见一忽儿往上，一忽儿往下，玳瑁却始终没能逃出视界，但是它的四条挠足有力地拍打着海水，浪花四溅，霎时间，荧光屏上充满了雪白的水沫……

“太胡闹了，该让它停止这种无聊的追逐！”杨教授仿佛愤愤不平地说。小罗揿了一下按钮，玳瑁消失了，一群水母慢悠悠地掠过镜头。

“你们瞧，”杨教授指点着，“我们给每条鲨鱼分配一个海区，让它们侦察……”

“侦察些什么呢？”沙沙急忙问。

“你们再看下去。现在是第十二号鲨鱼。”

这个屏幕上的景物变换得非常迅速，可见十二号鲨鱼正用很高的速度巡游着。它也在海水上层，因此能见度很高。过了几分钟光景，屏幕上显现了一团黑乎乎的影子。

孩子们都瞪大了眼睛。这是什么呢？杨教授神情也十分专注。黑乎乎的影子逐渐接近了。忽然间，像爆炸一样，屏幕上竟出现了一群向四面八方逃窜奔突的黄鱼群！显然，鲨鱼惊动了它们。

杨教授立刻走到前面，揿亮了一个电视屏幕，出现的却不是海底世界了，而是一个面目黧黑、样子骠悍的青年人——一个典型的西沙渔人。

杨教授干净利落地说——对着屏幕中的人："阿根，○八海区，出现黄鱼群！"

"好的，我们马上去追捕。"那个年轻人在电视里说。

屏幕马上暗下来了。

"看明白了没有？"杨教授转身对孩子们说，"我在电视电话里把鲨鱼的侦察结果告诉了他们，这样，他们一出海，就能获得丰收。"

孩子们都高兴得跳起来。这太好了，如果他们的渔业队也有这样能够侦察鱼群的鲨鱼侦察兵，那有多好！

杨教授像是看到了孩子们的心思，安慰地说："我们这种渔情服务工作刚刚开始，先在附近几个岛试点，还没有跟你们岛的渔业队联系哩。过些时……"

"也给我们装个电视电话？"沙沙急不可待地发问，"一有渔情，就通知我们？"

“对！”

“那得等到什么时候呀？”

“快了！等下一批电视电话机运来以后。”

沙沙这才想起，他是听爸爸说过，岛上马上就要装电视电话了。他当时还产生过疑问，巴掌大的岛子，要电视电话干什么？现在他才有点明白，原来这里……

“那么，”沙沙恍然大悟地说。“杨伯伯，你们这儿是渔情服务中心了？。”

杨教授沉吟了一会儿。

“这也是我们的一部分工作。”

一部分？沙沙想，那么另外一部分是什么？

他忽然想起，那森严的警戒线，那礁盘上的鲫鱼群，如果只是一个渔情服务中心，用得着吗？连房屋都漆成绿色，分明是要把什么东西隐蔽起来。唔，这个岛上的一切，都带有一种神秘的意味。

他想呀想的，也无心去看一个个屏幕上的海底景致了。阿牯和福海倒是蛮有兴趣地慢慢看过去，有时看见一只寄居蟹或一条章鱼，就大声叫起来。有一个屏幕上还出现了一条大乌贼鱼，正在施放烟幕弹——喷出一股浓黑的汁液，结果屏幕上像泼上墨一样，什么也看不见。两个孩子大笑起来。

忽然，小罗的沉着有力的声音盖过了笑声：

20970
HATCH:
ON..
OFF.

“杨教授，看看，目标442。”

这是第五号屏幕上，出现了一个长长的黑影子，像一只两头尖尖的纺锤。杨教授和三个孩子的注意力都集中到这屏幕上来了。

“近点，近点！”杨教授不断地说。

黑影越来越大，越来越清楚了。它像是一条船。可是这是多么奇怪的一条船呀，它没有烟囱，没有桅杆，甚至没有甲板。而且更奇怪的是，这艘船不是在海面上，它好像沉在海水当中，甚至可以看到有一些小鱼在它上面游动。

“这是什么船？”沙沙轻声问。

“442。”杨教授严肃地回答。他马上揿亮了一架电视电话机。屏幕亮起来的时候，一个年青的海军军官面对着他们。

“李参谋，442在〇六海区。”杨教授简短地、明确地说。

“是。”那个李参谋回答道，“我立刻请参谋长上您这儿来。”

“立刻。”杨教授的神态庄重极了。

“442，”沙沙自言自语似地说，“442是什么哩？”

杨教授两眼凝视着孩子们，过一会儿才回答：“入侵我国领海的一艘潜艇。”

一场奇妙的战斗

一切都明白了。

鲨鱼侦察兵，并不光用来侦察鱼群，而且用来巡逻守卫着我们的海域——这种哨兵任务完成得很出色，因为敌人是不会注意到一条鲨鱼的。沙沙马上想起来了，爸爸前两天还说过，某国的太平洋特混舰队，正在南中国海蠢蠢欲动。敢情这就是这个“特别混”的家伙！我们能让它入侵吗？准得干掉它！一想到这，沙沙感到血涌上面颊，他预感到，马上就有一场战斗发生了。

两个小伙伴显然也听清楚了。他们紧紧挤在一起，一声不吭，密切注视着杨教授的行动。但是杨教授再也不多说话了，他蹙紧双眉，紧紧瞅着第五个屏幕。那条鲨鱼大概不停地绕着潜艇转圈子，所以屏幕上潜艇的形象总在不断地变换角度。有时，它看起来像一只纺锤，有时又像一枚炮弹，有时（当鲨鱼转到潜艇头部或尾部时）看去就像一个圆球。潜艇一动也不动地悬在水中，它在干什么？

门外响起了汽车轮子在沙地上刹车的声音。杨教授匆匆忙忙地走出去了，在门口还回过头来看了孩子们一眼，叮嘱小罗说：

“三个小鬼交给你了，别让他们乱跑！”

“是。”小罗挺精神地回答。

糟糕！这一来，他们就看不见战斗是怎样打响的了。这三个在和平岁月里长大的孩子，只在电影里看到过战争，而且不过是陆地上的战争。怎样打潜艇，他们从来没看见过。这热闹怎能够不看呀？阿牯和福海两个一个劲儿望着沙沙。沙沙呢，就望着小罗。他知道，杨教授就在隔壁和海军的一位什么参谋长商量作战方案，这当然是军事秘密，他们是不应该知道的。可是，可是，他们又怎能抑制自己情不自禁地走出这间屋子呀！

小罗撇了他们一眼，目光是很明显的：他们应该守纪律。是的，在战争中，尤其要守纪律呐。

沙沙叹了一口气，索性坐下来。两个小伙伴一看，也只好坐下了。

过了不大一会儿，杨教授进来了，一进来就带上门，紧张地问：

“情况没有什么变化吧？”

“没有。”小罗简洁地回答。

“杨伯伯！”沙沙忍不住叫道，“战斗什么时候打呀？”

“什么战斗？”杨教授装出一副惊讶的样子问道，“你说什么战斗？”

“歼灭来犯之敌！”沙沙坚决地说，挥舞一下拳头。

“嗬！”杨教授笑了，“好英勇的小战士！那么，我问你，怎么歼灭呀？”

“给他一发鱼雷。”阿牯赶忙说。

“或者来两枚深水炸弹。”沙沙补充说。

“嘀嘀，”杨教授眨着眼睛说，“你们是从小人书看来的吧！问题就那么简单？这是一艘核潜艇哩。”

“怎么？”

“怎么？”杨教授皱起了眉头，“要歼灭它，又不能让它在我们领海里爆炸。要不，放射性污染……，真是！……放射性污染海水，那就什么鱼也不用打啦！”

“那怎么？”沙沙不甘心地说，“把它轰跑？”

杨教授寻思了一会儿。

杨教授挠挠白发苍苍的头。

“我怎么说好呢？……小伙子们，这是军事秘密。不过你们在这间屋子里，将会看到整个过程的。喂，小罗，我说，让五号鲨鱼撤走吧，撤到○四海区……”

“啊，杨伯伯！”沙沙叫起来，“这，我们就什么也看不见了。”

“会看得见的。”杨教授忍着笑说。

潜艇掠到后边了，现在电视屏幕上展现了新的海域：浑身红灵灵的、镶着美丽的金线的红鱼，圆桌面似的、带着一条多刺的尾巴的蒲鱼，灰黑色的鲣鱼……海景是美丽的，但是，潜艇看不见了。

“哎呀，鲨鱼游开去了，我们看不见战斗了。”阿牯嚷嚷道。

杨教授拍拍他的肩膀。

“回头瞧！”

噢，屋角还有一架电视机，屏幕比所有电视机都大，这时已经打开了。只见一群不大的灰黑色的鱼，正一窝蜂似的向前游去。

孩子们定睛看着。福海喊起来：

“这不就是那些鲫鱼吗？”

鲫鱼游得很快，但是电视机镜头一步不拉地追踪着。

“噢，我明白了，换班啦！”阿牯拖长声音说，“鲨鱼不顶用，换了鲫鱼。杨伯伯，这些鲫鱼，一定也安上了您的那个探测器吧？”

“只有其中一条。”杨教授不动声色地回答。

“当侦察兵，它们可赶不上鲨鱼。”沙沙评论道，“鲨鱼游得又快又远，可鲫鱼…”

“鲫鱼有鲫鱼的用处。”杨教授说，“你们耐心瞧瞧。”

但是这段海程很长。他们看了半个多钟头，景色还是那样。

福海不耐烦地转身去看别的荧光屏，嘴里说：“我明白了，潜艇还老远老远的……”

“这不就到了，福海！”沙沙喊道。

福海赶紧回过头来。果然，黑乎乎纺锤般的潜艇在屏幕上迅速变大了。这群鲫鱼，虽然只是两三尺长的小家伙，对这个庞然大物却毫不畏惧，纷纷扑上去，把脑袋上的吸盘吸住潜艇的艇底，不动了。

"这是战斗吗？"福海嘲笑地问。

沙沙在想另外的事，他问杨教授："装上了探测器的那条鲫鱼大概没有吸盘了吧？"

"探测器就装在它的吸盘上。"杨教授回答着，随手揿了一下按钮，那架电视电话机屏幕上又出现了刚才那个年青的海军军官的面孔。

"李参谋，请报告参谋长，可以行动了。"

"是，报告参谋长，可以行动了。"李参谋以军人的准确性重复着杨教授的话。

不过五分钟工夫，孩子们只听见海面上发出呼啸的声音：一下，两下，三下……

"听见没有？鱼雷！"杨教授得意地说。

沙沙紧紧抓住他的手："不是不让潜艇在我们海域爆炸吗？"

杨教授神秘地说："吓唬它们的。"

果然，电视屏幕上，也看到这些个鱼雷，一个接一个在潜艇两边窜过去，一点儿也伤不着潜艇。但是这艘本来潜伏不动的潜艇，却像突然惊醒那样，倏然震颤了一下，开走了。它跑得那么快，转瞬之间，它就带着吸附在艇底下的十几条鲫鱼，一起从视界消失了。

“跑了！”阿牯惋惜地说。

“跑了！”福海不满意地说。

“跑不了它！”沙沙愤愤地挥动着拳头。

杨教授望了望他们三个，忍不住笑起来。

“来，到这边休息一会儿。”他把他们带出电视室。

连窝端

这是一间宽大的屋子，周围一圈沙发。

阿牯也没有坐下，嘟囔着：“这不叫歼灭来犯之敌，叫做吓跑来犯之敌。”

福海顿着脚：“真窝囊！这算什么战斗！”

沙沙不说话，小心地看着杨教授。杨教授慢吞吞地点燃支烟，才说：

“442 潜艇的速度是六十节——你们知道‘节’是什么？”

三个孩子都瞪大眼睛。他们固然不知道“节”是什么，更不懂得杨教授为什么这时候有心思闲聊潜艇的性能。

“一节，表示每小时能行驶一海里，即 1.852 公里。也就是说，442 潜艇一小时能行驶六十海里，即一百一十公里。”

杨教授站起来，走到墙上一幅南中国海的大地图上，指点着说：

“它的基地在这儿。”孩子们不嘟囔了，围上来，聚精会神地瞧，“这是仆从国为主子修筑的军港，里面有全部军事设施和差不多整个太平洋特混舰队。离我们这儿是七百海里。”

唔，沙沙听出点门道来了。

杨教授环视了他们一下。

“出一个简单的算术题给你们。被我们吓跑了的潜艇逃回基地，要多少时间？”

“十一个半小时！”阿牯先回答。

“十一个小时四十分钟。”沙沙更准确地回答。

“好！”杨教授满意地说，搓着手，掩饰不住他的得意神色，“我们的十二条鲫鱼肚子里都有一个定时炸弹，十四小时以后爆炸。每个炸弹的爆炸力相当于五百吨黄色炸药……”

“个儿有多大？”阿牯追着问。

“跟一个火柴盒一样。”

“好！”沙沙高兴地说，“这下特混舰队连窝端了。”

“可不！”杨教授两眼炯炯发光，“现在你们该明白吧，为什么要把潜艇吓跑？”

“啊，真份儿！”三个孩子连连赞叹道。

沙沙又问：“我们从电视里能看到吗？”

"能。"杨教授肯定地说。

这点又出乎孩子们的意外。

"那条鲫鱼……"福海犹疑地说。

"不，这回不用鲫鱼。人造卫星将在今天午夜从那个军港上空飞过。"

"啊！"孩子们都惊讶得张大了眼睛。

"好了！你们知道得跟我一样多了。"杨教授挥挥手说，"你们去玩吧！还是不要乱跑。下午最好美美睡一觉，今晚我们还要熬夜看夜戏呢！等着，看完这场战斗的胜利，明天再送你们回岛。"

杨教授有一点没有告诉孩子们，就是把他们留在岛上，也是为了军事机密的需要。那艘强盗潜艇，当它被鱼雷吓跑的时候，开足马力向西南方奔逃。它有时还想停下来，可是沿途早就布好深水水雷，就像一连串鞭炮一样，把这瘟神赶得晕头转向，只有逃回老窝的份儿。这个战略计划就是杨教授和守岛海军某部参谋长共同制订后，在五分钟之内，报告上级批准定下来的。愚蠢的敌人还在讪笑我们的鱼雷命中率太低呢，却做梦也没有想到，它的船底下已经带上了十二个定时炸弹。它和它的"特混"舰队注定逃脱不了覆灭的命运。

将近午夜，孩子们穿得整整齐齐，由杨教授带着，到部队驻地去。他们在那儿，在一座大电视机前面，和海军的指战员一起，观看了从人造卫星拍摄下来的大爆炸。一霎时，爆声隆隆，火光冲天，这真是一幅“壮丽”的景象——它宣布了妄图侵犯我南海诸岛神圣领土的阴谋的破产，宣布了中国人民自卫反击斗争的伟大胜利。

萤火虫

贾祖璋

满天繁星在树头闪耀，树林和地面都沉浸在黑暗中，只有东面的一个小小池塘，在微风中，把天上的星星，皱作一缕缕银波，反映出一些光辉来。池边几丛芦苇，一片稻田，也都模糊不清，而芦苇随着微风摇曳，却隐约可以辨认。经常从芦苇底下，田边草丛中，起来一点点忽明忽暗的白光，向池面，向旷地移动，那是萤火虫。它们好像在空中乱窜，但也有一点互相追逐的形迹。有时一个飞在前面，另一个向它一直赶去。但被追赶的一点白光，忽然隐没了；或者飞到水面上，混杂在水中揉碎的星光里；或者飞回芦苇丛中、稻田里，给枝叶遮住；追赶者失了目标，便迟疑地转向飞去。或者自己反而成为被追赶的目标，就又一前一后地飞行着。这时，水面上，旷地上，稻田里，一明一暗，一上一下，点点光亮，与天上的星星同样繁多。

这是幼年暑假中，在乡间纳凉时所见的情景。当时与弟妹等一边听着在烈日下辛苦了一天才得这片刻安闲休息的邻舍们的谈笑，一边向萤火虫唱着质朴的儿歌：

萤火虫，夜夜红：
飞到天上捉仇公，
飞到地上捉绿葱，
绿葱开花满地红。

唱着唱着，偶然有几个萤火虫飞到身边，赶忙用芭蕉扇去拍，凑巧就把它拍在地下。有时拍个空，远飞而去，即使立即追赶，也往往空手而回。拍在地下的，不再发光，黑暗中难以寻找，也会突然逸去。那些被捉住的，首先是用它来卜年成丰歉。把一个萤火虫放在地上，用脚一拖，地面就出现一条萤光。这条光线粗而长，象征稻穗肥大，可望丰收；否则稻穗细小，收获一定很少。不消说，这是迷信，是“以生命为儿戏”。但是，不也蕴含着农民那种渺茫的希望吗？那些没有被弄死的，就给放进日间准备好的鸭蛋壳里，让它一闪一闪，作为小灯笼。放在枕头旁，静静地看着，催入梦境。但大人认为萤火虫会钻进耳朵，甚至会吃脑子，所以总是被禁止带进卧房。

萤火虫是怎样发生的，乡间没有谈起，古书上却说它是腐草化成的。《红楼梦》第五十回中有一个谜语，就是从萤火虫演化来的，还很巧妙有趣：

李纨又道："绮儿是个'萤'字，打一个字。"众人猜了半日，宝琴道："这个意思却深，——不知可是花草的'花'字？"李绮笑道："恰是了。"众人道："萤与花何干？"黛玉笑道："妙的很！萤可不是草化的！"

由于萤火虫，腐草竟然变成鲜花，文学语言，未尝不可。但是，到了现在，还有人发表什么生物化生说，仿佛腐草化萤，千真万确，那是痴人说梦了。

萤火虫种类很多，全世界所产，能够发光的有两千种，不能发光的也有两千种。我们常见的一种，身体黄色，翅膀尖端黑色。这是雄萤，能够飞行。雌萤体形近似幼虫，不生翅膀，不能飞行，终生住在水边杂草丛中，但也能发光。古人观察得不够细致，见到草里有萤火虫，就说它是腐草化成的，这也难怪。

雌萤产的卵有三四百粒，球形而小，黄白色，能发一些微光。经过二十七八天，孵化为幼虫。幼虫身体长纺锤形：略扁平，有十三个环节。头和尾黑色，体节两旁有黑点。尾端有吸附器，可代足用。尾端稍前方体侧有发光器，能放青色的光。日中隐伏泥土下，夜间出来觅食。吃的是蜗牛、钉螺等有害动物，所以它是益虫。第二年春天，长大成熟，潜伏地下，脱皮化蛹。蛹淡黄色，也能发光，到了夏季，化为成虫。

最令人感到兴趣的萤火，是从哪里来的呢？以前，有人认为是某种发光性细菌和它共栖的缘故，现在知道是一种化学作用。发光器的构造，随着萤火虫的种类和发育期而不同。就常见的这种萤火虫来说，成虫的发光器位于尾端腹面，表面是一层淡黄色、透明质硬的薄膜，下面排列着多数整齐的细胞，形成一个扁平的光盘。细胞里含有多数黄色细粒，叫做萤光体，遇着氧气，就氧化而发光。细胞周围有许多毛细管，连接气管，送来空气，又受神经控制，可以忽明忽暗。与发光细胞相对，还有一层含有多数蚁酸盐或脲酸盐小结晶的细胞，呈乳白色，好似一面镜子，把光线反射出来。另有人认为，血液里还含有一种萤光酶，萤光体受到萤光酶的激发，才会氧化发光。

萤光不含红外线（热线），只有光没有热，是一种理想的照明用冷光。人类所能利用的，历史上有晋代的车胤：把它盛在绢袋里，代替烛火，勤奋学习。在国外，墨西哥出产一种巨大萤火虫，胸部有两个大发光器，放射绿光；腹部也有一个发光器，放射橙黄色光；两色相映，极为美丽。妇人把它簪在发间，作为夜舞时的装饰。在萤火虫自己，可以引诱异性，威胁敌害，有生活上的意义。

在电灯、煤气灯、霓虹灯交相辉映的上海，无法看到萤火虫。故乡的萤火虫，更是一年，两年，几乎十年没有见过了。最近乡间来信说，三个月没有下雨，田里的稻都已枯死，桑树也都凋萎。那么，小小的池塘，当然已经干涸，稻田树林都已改换了景色，不知是否萤火虫也少了。我那辛苦劳动的邻舍们，在夜晚，还有心情纳凉，还能有一些笑声吗？

雷　雨

叶至善

雷雨在常见的自然现象中，可以算是最动人心魄的了。闷热的夏天的午后，天空里堆积起大块的云。一霎时，气温突然下降，狂风，骤雨，闪电，响雷，跟着都来了，还可能夹着冰雹。使人烦躁的天气，不一刻工夫就变得清凉，爽快，舒适。等到雨一住点，风也息了，云也消了。青天经雨洗过，显得格外明亮。夕阳照在湿淋淋的大地上——好一个晚晴天！

在闷热的夏天，雷雨好像是大自然给人们的一种调剂，一种恩典。原来夏季里，太阳正对着北半球，直晒的阳光使地面上的水比别的季节都蒸发得快。贴近地面的空气因为温度增高，又能够包容更多的水蒸气。要是没有风，在贴近地面的空气中，水蒸气很快就要达到饱和了，也就是说，空气中容不下更多的水蒸气了。这时候，地面上的水不再继续蒸发。咱们身上又黏又湿，随你怎样扇扇子，汗水总不得干。咱们感觉到昏闷，热得喘不过气来。

在这闷热的当儿没有一丝风，可是你别以为空气沉滞着，一丝儿不动，贴近地面的空气正在猛烈的往上升。温度增高，水蒸气增多，都使得空气变轻，使得空气往上升。高空中并不像地面上那样热，含水蒸气多的热空气一边往上升，一边就渐渐地凉下来，大约每升高一百米，温度就降下摄氏一度。空气一凉，就包容不了原先那么多的水蒸气了；一部分水蒸气不得不析离出来，凝结成小水点。我们在地面上看，天空里起云了。

为什么这些小水点不马上落下来成为雨呢？这些小水点太小了，上升的空气托住了它们，不让它们往下落。在闷热的夏天的午后，从地面上升的空气的力量非常大，不但能托住小水点，还会把小水点不断地往高处推，于是云越堆越高。这样生成的云，样子很特别——在闷热的夏天的午后经常可以看到——底脚几乎是平的，上面重重叠叠，好像积雪的山峰，又好像大理石的城堡，在阳光的照射下，明暗特别分明。这样的云，在气象学上有个特别的名词，叫作积云。

积云的底脚离地面大约两千米，这就是说，地面上的热空气升到那样高，就有大量的水蒸气凝结成小水点了。它的顶可能离地面一万多米。那样高的高空非常冷，温度在水的冰点以下。在积云越堆越高的时候，我们可以看到它的顶部向外伸展开来，样子好像是铁匠打铁用的钻，四周还现出雪白的绸子一样的薄云，那就是水蒸气结成的冰花。

别瞧积云像高高的山峰似的，模样儿很宁静，它里面正在剧烈地翻腾。小水点并成了水滴要往下落，跟上升的空气发生了猛烈的冲突。水滴和空气互相摩擦，使云带了电：空气带着阴电升到云的顶部；水滴带着阳电降到云的底部。因此云的顶部，阴电越积越多；云的底部，阳电越积越多。地面受了云的底部的阳电感应，也带了阴电。

惊心动魄的场面马上开始了，一阵吹得倒人的大风，紧跟着便是弹丸似的雨点。大颗的水滴终于冲破了上升的空气，从云端里掉下来。下层的热空气给雨一淋，骤然冷却，骤然收缩，向地面直压下来，因此狂风赶在雨点之前来到。这时候，天空里树枝状的电光一闪一闪，雷声隆隆的。这些闪电，有的发生在积云和地面之间，有的从一块积云的顶部直贯穿到底部，也有的发生在两块积云之间。给闪电穿过的空气立刻猛烈爆炸。要是闪电离咱们近，咱们眼前一亮，紧接着听到一声清脆的霹雳；要是离咱们远，电光闪过之后，还得待上好一阵，咱们才听到雷声。因为声音在空气中传播的速度比光慢。有时候隆隆的雷声拖得很长，好像车轮在云端里碾过，那是云块、山岭和地面把雷声来回反射的缘故。

雷雨有时候夹着冰雹。冰雹要在地面上特别热，空气上升的力量特别强，高空中又特别冷的时候才会有。积云的顶部伸展到温度在冰点以下的高空中，一部分的水滴本来已经凝结成冰珠了。这些冰珠从高空里降下来，要是来不及融化，又被猛烈上升的空气推了上去。到了高空中，冰珠外边又凝上了一层冰。这样落下来推上去，冰珠一层又一层地越裹越大，终于冲破了上升的空气的阻拦，从高空中直掉下来。有些冰雹比鸡蛋还大，往下掉的劲儿又很猛，庄稼，树木，房屋，人畜，往往会受到很大的损害。亏得不是每一场雷雨都有冰雹。

雷雨在夏天最常见，可是不一定夏天才有。含水蒸气较多的下层空气猛烈上升，都可能造成一场雷雨。有时候，高空中过分冷，贴近地面的含水蒸气比较多的空气跟高空的空气相比，显得轻多了，于是就猛烈上升，夜间海洋上的雷雨大多是这样造成的。有时候，从北方来了强大的冷空气团，会把贴近地面的含水蒸气比较多的空气直推到高空中去，所以冬天也可能发生雷雨。也有的时候，带着很多水蒸气的风给高山阻挡了，沿着山坡直往上升，也会造成一场雷雨。在夏天，发生雷雨的原因大多是贴近地面的空气太热，含水蒸气太多。由这种原因酿成的雷雨，通常叫做热雷雨。

常见的热雷雨开始在午后三点到五点之间，这正是一天中最闷最热的时候。不消一两个钟头，雨住了，风息了；

闪电，打雷，一切扰乱的现象全都成了过去。云推开了，或者竟消散了，天上还可能出现一条美丽的彩虹。雷雨的时间虽然很短，雨量却非常大。在陆地上，夏天的雷雨几乎要占到全年雨量的三分之一。因此，庄稼人也非常看重雷雨。你可曾想到，在咱们闷热得喘不过气的时候，庄稼也像咱们一样正渴望着来一场雷雨。可是在山岳河谷地带，雷雨也可能造成灾害。这样的骤雨会造成山洪暴发，冲毁公路、铁路、桥梁；也会使河水暴涨，冲刷两岸的农田村庄，淹死人畜。

因为雷雨是由局部地面的空气上升而造成的，所以面积不会很大，下雨的地带通常只有三五十公里长，十几公里宽。界线的分明也是雷雨的特点。有时候只隔一条河，这一岸下着大雨，对岸仍旧是大晴天。所以谚语说，“夏雨隔爿田”。

雷雨的时间短，面积小，可是以全地球来说，雷雨的场数大得惊人，据说每天有四万四千多场；在任何时间内，都有一千八百场雷雨正在进行，大多发生在热带。我国雷雨最多的是广东北部南岭一带，因为那边热而潮湿，南岭又挡住了含水蒸气比较多的海风。沿海和华南一带也比较多，黄河以北就少了，甘肃、宁夏一带气候干燥，雷雨更少见，可是下起来常夹着冰雹。

太阳石——煤的故事

朱志尧

在显微镜下观察煤

人类发现和使用煤，已经有好几千年的历史了。但是，煤到底是由什么东西变成的？这个问题，却有很长时期没有得到解决。

有人看见煤和石油一样生成在地下，一样可以燃烧发热，于是就猜想说：煤大概就是一种凝固和硬化了的石油。

有人看见火山爆发，从地底下喷发出大量炽热熔融的岩浆，于是就得出结论说：煤可能是从地底下的火山里抛出来的。

直到中世纪末期，人们还都认为，煤和其他岩石一样，是地球生成以来就存在的东西。

煤为什么能燃烧呢？当时有些学者抱着这样一种神秘的见解，认为大自然中有一种奇怪的液体，叫做煤液，石头吸收了这种煤液，就变成可以燃烧的煤。

但是，神秘的煤液谁都没有见到过。

今天，甚至我们的小学生们都知道，上面这些说法都是不对的。现在我们知道，煤是由古代的植物变成的。

煤由植物变成，这有没有事实根据呢？有，而且根据很多。

在有些煤里，人们甚至用肉眼也能看出，里面有植物的根和树皮的痕迹。地质学家还从煤层中发现过完整的树干。

仅仅这一些根据还不够。人类要认识自然，必须仔细地观察和研究自然；我们要认识煤，也就得仔细地观察和研究煤。

一块块黑色的亮晶晶的煤，如果单凭我们的肉眼来观察，那是什么名堂都观察不出来的。肉眼观察不行，可以靠仪器帮忙。

多谢荷兰的雷汶胡克！他在二百八十年前用玻璃制成了世界上第一架显微镜。显微镜扩大了我们的眼界，帮助我们认识和发现了许多我们以前所不认识和不了解的东西。

一架小小的显微镜，可以把我们要观察的东西放大几百、几千倍。

为了在显微镜下观察煤，需要把煤切成薄薄的切片，这切片薄得很，只有百分之几毫米厚。把这种切片用特种胶粘在显微镜的物镜处，从下面用光把它照亮，就可以开始观察了。

煤的切片在显微镜下变成了透明的东西，并且呈现出各种不同的颜色。仔细地观察一下，你可以看到透明的煤的切片上有许多条长长的纤维，这是植物组织的遗骸。那些淡黄色乃至暗红色的扁平小环，直径零点零三至一点五厘米，在植物学上叫做孢子，古代的植物就是依靠它们来繁殖后代的。

切片上面还有许多黄色、红色和黑褐色的块状物或长长的条带，这是过去植物的皮层组织——角质层所变成的。

在显微镜下的植物细胞组织，看起来就更有意思：细胞的空隙呈深灰色或黑色，而磨光和发亮的细胞壁却呈现出白或淡黄的颜色。

此外，我们还能从煤中看到有许多淡黄色、黄色或橘黄色的椭圆状或蛋胚状物，这些是植物中蜡质和脂肪质的遗体。

看来问题已经十分明显了，上面的一切事实都证明：煤的生成和植物的确有极其密切的关系。

但是，人们并不满足于这些显微镜下的论据。这一切涉及的还只是煤的外表。为了进一步认识煤，应该洞察煤的内部。

这一个任务落到了化学家们的身上。

下面就让我们来听听化学家们讲述的故事吧。

化学家证实了地质学家的结论

世界上有成千成万种不同的东西：木头啦、砖石啦、钢铁啦、空气啦，等等。它们有极不相同的性质和用途。

但是，化学家们却告诉我们，构成世界上成千成万种不同东西的基本物质只有一百零几种，这一百零几种的基本物质（有十几种还只能用人工制造）叫做化学元素。

在一百零几种的化学元素当中，碳要算是最奇怪、最有趣的一种了。它能和许多别的化学元素化合到一起，形成几百万种复杂奇妙的化合物！

几乎所有有生命的物体内的物质，都是含有碳的，我们把这种含有碳的化合物叫做有机物。

曾经有人估计过，在现在活着的动植物有机体里，碳的含量大约有七千亿吨！

前面已经说过，有一种简单的分析煤的成分的方法，叫做工业分析法。工业分析的结果，我们找到了煤中水分、灰分、挥发物和固定炭的含量。

还有一种分析法叫元素分析法，元素分析的结果应该告诉我们，煤是由哪些基本的化学元素构成的。

化学家告诉我们，煤中含有大量的碳。这些碳不是单独存在的，它和煤中其他的元素结合到一起，成了许许多多复杂的化合物。这些化合物有这样多，以至直到现在我们还只能知道煤的构成的大概情况。

除了大量的碳以外，煤中还含有许多别的化学元素，例如氢、氧、氮、硫等等。

碳、氢、氧、氮、硫五种元素加起来，共占煤的成分的百分之九十五以上。

这五种化学元素的性质，差不多在每本化学教科书里都可以找到。

你见过金刚石吗？那种被人们叫做“钻石”的金刚石，有特别的、透明的、亮亮的光泽，任何石头、任何天然和人造的东西，都没有金刚石那样坚硬。

可是你知道吗，金刚石就是一种最纯的透明的结晶碳！

自然界中还有另外一种碳，这种碳叫做石墨。软而色黑的石墨是制造铅笔的原料。

至于木炭，那你一定很熟悉。木炭的主要成分也是碳。

碳这种元素的性质，我们看看金刚石、石墨和木炭就知道了。

氢是一种无色无臭的气体，它很轻，同样体积的氢气和空气，氢气只有空气重量的十几分之一。把它装进气球里，气球就会飞升到空中。

氧和氮也是无色无臭的气体，氧能助燃，可以供人呼吸，而氮气没有这种本领。我们周围的空气，就是由五分之一的氧气和五分之四的氮气组成的。

至于硫，是一种可以燃烧的黄色的固体。

你看，组成煤的这些化学元素和煤本身有多么大的差别啊。但是这是事实，煤的确是由这许多元素组成的。原来经过化学上的所谓“化合作用”以后，组成化合物的元素都已经“面目全非”了。

为了进一步认识煤，需要确定煤里含的各种化学元素的多少。

化学家们完满地做到了这一点，他们仔细地分析了煤的组成，精确地测定了各种元素的含量，并且用它和别的东西进行了比较。当他们把煤和木材进行比较的时候，得到了下面很值得注意的结果：

> 一百公斤煤当中，平均含有八十二公斤碳，四点五公斤氢，十二点七公斤氧，零点八公斤氮；
>
> 一百公斤木材当中，平均含有五十公斤碳，六公斤氢，四十三公斤氧，一公斤氮。

这里我们没有提到硫等别的元素，因为它们在煤和木材里面的含量太少了。

这个有趣的比较告诉我们，煤中的元素的种类和含量非常近似于木材，木材和煤相比，只是少含了一些碳，而多含了一些氧。

化学家们于是证实了前面地质学家提出的结论：煤是由植物形成的。古代的植物在一定的条件下，经过各种各样复杂的变化，失去了一部分氢和氧，因而相对地大大增加了碳元素含量——这就是木材和煤中这几种元素的含量并不完全相同的道理。

这就是“太阳石”这个名字的由来

是什么东西推动着火车轮船前进的呢？

“是煤，是蒸汽。”很多人一定会这样回答说。

“不！是太阳，是千万年以前的太阳光！”——如果有人这样回答这个问题，那一定会使很多人感到惊异不止的。

用不到惊奇，这的确是事实。

不错，是煤的燃烧使水变成蒸气，是蒸气的力量推动着火车轮船前进。但是人们要问：“煤里面的能量是从哪里来的呢？”

回答看来只能是这样：煤既然是由植物变成的，那么煤里面的能量当然就是从植物那里来的了。

可是人们还要追问：“那么植物又是从哪里去获得这些能量的呢？”

关于这个问题，就需要请我们的植物学家来解答了，他们对植物的生活比谁都了解得清楚。

不论花草还是树木，凡是植物总是由幼苗逐渐发育成长的。植物越大，储藏在它里面的能量越多；植物成长的过程，也就是它储藏能量的过程。我们问植物里的能量是从哪里来的，实际上也就是等于说："植物是怎样发育成长的？"

春天到了，我们抬头望一下窗外，屋子外边长满了各种各样的花草和树木，数不清的绿叶在微风的吹拂下轻轻地颤动。植物学家说："因为植物叶子里有一种名叫叶绿素的小颗粒，所以才显现出苍翠碧绿的颜色。"

小小的叶绿素和整个植物的生活有极密切的关系。因为叶绿素有这样一种特殊的本领，它能够通过叶片上千千万万个气孔，从空气当中吸收一种名叫二氧化碳的气体。它同时又吸收大量的太阳光，依靠太阳光的能量，叶绿素截留了，二氧化碳气体中的碳，加上植物根部送来的水分，把它们改造成了植物生存所需要的东西——淀粉，再进一步把淀粉变成葡萄糖，变成蛋白质和脂肪，然后输送到植物的其他各部分去。

这个奇妙的变化过程，在植物学上叫做"光合作用"。只有叶绿素才具有进行这种"光合作用"的本领。有了叶绿素，植物的每片叶子才能变成一个"制造生命的工厂"。

但是，要是没有了太阳光，结果会是怎样呢？

太阳光是"制造生命的工厂"里的原动力。在植物叶子进行“光合作用”的时候，大约要吸收射到它上面的太阳光能量的百分之四十。要是没有了太阳光，这些“制造生命的工厂”就只好停止生产。

“光合作用”的结果是产生淀粉、糖类等有机物，这些有机物构成了植物的组织，而大量的太阳能也就在这些植物组织中被保存了下来。

以后，植物组织变成了煤，这些被保存下来的“凝固”了的太阳能也跟着转到了煤里。

现在让我们来总结一下这个变化吧。植物叶子吸收了空气中的二氧化碳，截留它里面的碳而放出氧气，并依靠太阳光的能量使碳和根部送来的水分起变化成了复杂的有机物。在这个变化过程中，参加变化的东西是二氧化碳、水分和太阳光，变化以后生成的东西是植物的组织和氧气。

植物的组织变成了煤，煤在燃烧的时候，发生了另外一种变化：煤里面的碳和氢，分别和空气中的氧结合，结果生成了二氧化碳和水分，同时放出大量的热量。在这个变化过程中，参加变化的是煤和氧气，变化以后的产物是二氧化碳、水分和大量的热。

现在你看，这多有意思！这两个变化不正好是一正一反吗？变化的前前后后，始终是那几种东西。只是在第一种变化——植物组织的形成过程中，吸收了大量的太阳光；而在第三种变化——煤的燃烧过程中，放出了大量的热。

既然是植物的组织变成了煤，那烧煤时放出来的热量，不就是千万年以前植物所吸收的太阳光吗？

怪不得有人把煤叫做"阳光的仓库"。今天我们开采煤矿，利用煤来燃烧发热，实际上就是解放几千万年甚至几亿年以前储藏在植物组织里的太阳光，使这些太阳光出来为人类造福！

说到这里，你对"太阳石"这个名字的由来也一定完全明白了。

影子的故事

萧建亨

每天，当你和同学们背着书包一同上学的时候，你注意过你的影子吗？有时，我们不是一边走着一边互相踩着影子闹着玩的吗？有人认为，影子被人踩着了要倒霉的。当然，这都是迷信，不过，关于影子，倒真有许多故事可以说一说的。

唐小西怎样和他的影子告别的

读过严文井写的《唐小西在下一次开船港》那本有趣的童话的人，也许还会记得：唐小西因为老是“玩儿不够”，把“时间小人儿”给气走了，以后，他交上的坏朋友灰老鼠为他换了一个影子；这影子可坏极了，老是出坏主意；最后，唐小西决定和那个唠唠叨叨的坏影子告别，他掏出一把六开小刀，打脚后跟起，一下子就把影子给割开了……

严文井写的是个童话，可是你别以为，只有在童话里才有这种坏影子，在现实生活里，有时影子也会和我们捣蛋，使科学家们、工程师们大伤脑筋……

外科医生在动手术的时候，就常常觉得影子在妨害他们。灯光照在外科医生的手上，手的影子投到伤口上，黑黑的影子使外科医生老是分不清哪是血管，哪是神经，一不当心就会造成手术事故。外科医生向工程师们求救："老兄，请您给想想办法！" 工程师们当然没有唐小西那样的本领，一下子就把影子给割掉，他们只好在灯光上打主意。工程师们记起了这样的情景：房间里如果只有一盏灯，人们就会投下一道又黑又浓的影子，如果有两盏方向不同的灯同时照着，这时，所有的东西就会向两个方向投着两道淡淡的影子，——一只灯产生的影子，这时被另一只灯的光冲淡了。工程师又记起了：如果在一个四方装着很多灯的辉煌的房间里，人的影子就会更分散，更淡……有了！工程师们决定在手术台上装上更多的灯，让这些灯排成一个大圆圈，灯光从不同的方向射向外科医生的手；外科医生的手也向四面八方投出了一圈极淡极淡的影子，这影子是这样的淡，就像外科医生手的影子完全消失了一样。

假如你有机会到医院手术室去参观的话，那你就会看见，每只手术台上都挂着一只大大的、圆形的灯；现在你可知道了，那就是著名而奇妙的"无影灯"。

“等影子十步长的时候，你来吧！”

两千多年以前，著名的希腊剧作家阿里斯托芬，在一个喜剧中写了一个这样的场面：一个雅典女人对她的丈夫说道：“等影子十步长的时候，你涂了香油来吃饭吧！”

猛地看到这句话，你一定会觉得莫名其妙。影子和吃饭又有什么关系呢？其实，如果你知道，这儿影子的长短是代表着“钟点”，那你就一点也不会觉得奇怪了。

当你早晨到学校去的时候，你一定注意过：这时你的影子总是拖得长长的，可是越近中午，你的影子就越变越短。影子，是随着太阳的位置在改变的，换句话说，它们是随着一天的时间的推移，在改变。这个现象，古人也早已注意到了。那时候，当然还没有我们现代的各种钟表，于是古代的聪明人就想到：为什么不用影子来确定时间呢？他们在广场上竖立一根高大的石柱，谁要想知道现在是什么时刻，让他来量量石柱影子的长短就可以了。

用影子来确定时刻，在古代应用了很长很长的一段岁月。心巧的人们，还不断地改良和发展了它。人们用石头制造了一个周围刻着十二个时辰的圆盘，圆盘的中心插上一根铁针，随着太阳的转移，铁针投下的影子也在移动着。这样，铁针的影子就为人们指出了时刻。这就是在中国、巴比伦古代流行过的“日晷”。

月亮的影子帮助了历史学家

古代的人们，早就学会了怎样利用影子，可是他们对另外一些影子，却感到非常的惊恐。

月亮绕着地球旋转，当它绕到太阳和地球中间的时候，就会把太阳光挡住。月球巨大的影子投向地球，在地面上迅速地滑过，这时被月球影子笼罩着的人们，就会看到“日食”。

从前，人们不明白日食的道理，因此，当他们碰到了月亮的影子后，就特别的害怕。太阳被一个黑黑的东西遮住了，他们想：这一定是什么“妖魔”在那儿吞食太阳；怎样来帮助太阳逃出这场灾难呢？赶快烧香拜佛吧，菩萨会保佑咱们的太阳的！不然就敲锣打鼓，把妖魔吓跑。

古时候的人们，一直把日食当做是个灾难的预兆。碰到日食，历史学家们一定把它们记入史册，诗人们就用诗歌来描绘它。年复一年，他们不断地把这“恐怖的影子”发生的时间、地点记了下来，他们这样做，决没有想到，这正是为他们的后代做了一件大大的好事！

在十二世纪末叶，俄罗斯伊戈尔王公曾和波洛威茨人在顿河一带发生过一次激烈的战争。在这次激烈的血战中，伊戈尔王公虽然全军覆没，可是在历史上却留下了很深的影响。后来，有许多民间诗人为了歌颂他，写出了一本著名的《伊戈尔王子远征记》；历史学家们也把这次事件郑重地记入了史册。可是，经过了几百年的传抄，当现代的历史学家再重新来研究这个事件的时候，他们却无法决定这次战争的确切年代。因为，在一本古史上明明是记着1183年，而另一本却写着1185年，到底是在哪一年呢？

历史学家、考古学家都无法完成这个任务，可是没有想到，天文学家却帮助他们找到了答案。

天文学家仔细地翻阅了古代的史册，以及描绘这次战争的一些诗歌。他们在一首诗歌上看到了这样的诗句：

伊戈尔站在顿涅茨河畔，
他看到自己的部队仿佛被黑暗所笼罩。
他抬头望那明亮的太阳，
只见太阳变成了一弯月牙，
月牙的两角中好像装着燃炽的炭。
漆黑的天空上星星开始一闪一闪。
人们只感到头晕目眩。

很清楚，这里描绘的是日食！伊戈尔的部队在渡过顿涅茨河的时候，碰上了月亮的影子。在一部古史里也有这样的记载。天文学家们立刻进行计算，日食是不会改变它的时间的，地球、月亮是按照铁一样的规律在运转，天文学家们不但可以把未来看到日食的时间、地点事先推算出来，而且也能把过去发生日食的时间准确地计算出来。他们算出，1185 年 5 月 1 日下午 3 时 25 分，月球产生的影子，刚好在顿涅茨河一带滑过。这次战争一定发生在 1185 年的 5 月。

月亮的影子，曾使古代的人感到恐怖，可是它们却帮助了现代的历史学家，使他们解决了许多重大的历史之谜，不但确定了这些重大历史事件的年份，而且还能确定它们发生的日期、钟点和分秒！

工程师们怎样利用影子

别以为影子只为古代的人们服务，不，影子在现代的生活中也起着重大的作用。

有一次，我到一个现代化的电子管厂去参观。工程师拿出了许多电子管的零件给我看："请注意，我们这里对零件的要求是很严格的，尺寸稍不合格，电子管就会成为废品。"

这些零件都是一些精巧的小玩意儿。其中有一块打着许多洞眼的云母片片，引起了我的注意。据工程师说：电子管里所有的零件都是固定在这块薄薄的云母片上的。我拿起了那块云母片片翻来覆去地瞧，不由地产生了这样的疑问："他们是怎样知道这些样子复杂的零件合不合规格的呢？"

"我们用影子！"工程师回答说。他把我带到一间拉着窗帘的屋子里去。屋子里，有一位工人在一台仪器前安静地工作着。他把云母片放到仪器里，然后打开仪器里的电灯，灯光射向云母片，然后再经过光学仪器的放大，在一块毛玻璃上投下了一个巨大的影子——放大了的云母片片的影子。

现在，可以用尺来量这个影子了！不，工人叔叔想得还要巧，他们用一块尺寸标准的大样板来和影子比较。影子要是和样板重合，零件就是合格的，不然，就把它们挑出来。

许多样子复杂的零件都可以用这个方法来测量，这里，影子又帮助了工人和工程师们，使他们大大地提高了生产的速度。

影子和我们的生活

据说，汉武帝的夫人李氏死后，汉武帝还是常常思念她。有一次，来了一个名叫少翁的人，对汉武帝说，他有法子把李夫人的魂魄招回来，与汉武帝见面。到了晚上，少翁布置了一块布幕，要汉武帝在幕的一边坐着。他呢，在幕的一边点起了灯，要起法术来了。隔了一会，嘿！汉武帝看见布幕上果然出现了一个黑黑的人影，这影子就和李夫人的侧影一模一样。

你以为那幕上出现的真是李夫人的“魂魄”么？当然不是，假如你曾经看过“影子戏”的话，你就会想到，少翁不过是剪了一些纸人，让它们在蜡烛前面活动活动罢了。烛光照在纸人上，然后又在布幕上投下了一个黑影。据说，从前在民间盛为流传的影子戏，就是这样发明的。

影子戏，由于形象明朗、黑白分明，因此产生了一种特殊的魅力，使看过的人久久不能忘怀。不过，随着科学的发展，人们还创造了一种力量更强大的“影子戏”——“活动电影”。这种“活动的影子”不但会使我们欢笑、感动，甚至还会使我们流泪；它们已经这样深深地进入了我们的生活，真成了我们现代人的一个“形影不离”的好朋友。

影子帮助了天文学家

在南北极探险家的口里，一直流行着一句话：“我们对南极的了解，还没有天文学家了解月球那样清楚哩！"

探险家们的这种说法，并不是故意夸大。因为，万年的冰雪封住了南极的秘密，使科学家们无法窥到南极大陆的“庐山真面目”，可是天文学家呢？他们不但绘制了月球表面的详图，而且还“量”出了月球表面山峰的高度！

天文学家是怎样知道月亮上山峰的高度的呢？他们依靠的是影子，依靠月球上山岭投出的影子量出高度的。

用光学仪器，可以测定出月球山峰影子的长度，然后再计算出这时光线是用什么角度射向山峰的。再用简单的三角学，就可以精确地算出月球山峰的实际高度。

影子——离开了我们三十八万公里以外的影子——不但告诉了我们月球山峰真实的高度，而且还为我们透露出了月球表面的实际情况；使天文学家们，能为宇宙航行家，编绘出一幅详细的月球图。

影子，在这里产生了神奇的力量，它战胜了时间和距离，成了我们手中的一个驯服工具，为我们忠实地服务着。

圆圆和方方

叶永烈

你认识圆圆和方方吗？

它俩是你的老朋友啦：圆圆就是你下象棋的棋子。可不是吗？每一颗象棋的棋子，都是圆溜溜的，所以叫“圆圆”；方方就是你下军棋的棋子。可不是吗？每一颗陆军棋的棋子都是四四方方的，所以叫“方方”。

有一天夜里，象棋正好和陆军棋放在一起，圆圆跟方方没事儿就开始聊天了。

圆圆觉得自己的本领大，它对方方说：“你瞧瞧，世界上到处都是我圆圆的兄弟——汤团是圆的，乒乓球是圆的，脸盆、饭碗、茶杯是圆的，就连地球、太阳、月亮也都是圆的！”

方方听了不服气，它觉得自己的本领比圆圆强，说道：“你瞧瞧，世界上到处是我方方的兄弟——书是方的，报纸是方的，床是方的，毛巾是方的，铅笔盒、信封、汉字是方的，就连天安门广场、人民大会堂也都是方的！”

它俩都觉得自己的本领大，你一言，我一语，吵到半夜，还是谁也说服不了谁。他俩吵着，争着，吵着，争着……声音越来越小，越来越轻——吵累了，争累了，夜深了，睡着了。

圆圆睡着了，开始做梦——

圆圆梦见自己来到建筑工地，一看：方方的同伴在那里——一大堆砖头都是方的。圆圆气坏了。说声“变”，就叫那些砖头都变成圆的。可是，用圆砖头砌成的房子，砖头会滚动，一下子就倒塌了。建筑工人叔叔对圆圆说：“砖头不能做成圆形的。方的砖头能够紧密地砌在一起，墙壁非常结实，所以我们要方的，不要圆的！”工人叔叔说声“变”，砖头重新变成方的了，砌成的房子又结实又漂亮。

圆圆没办法，只好垂头丧气地离开了建筑工地。

圆圆来到了农村，一看，方方的同伴又在那里——成块成块的田都是方的。圆圆很不高兴，说声“变”，就叫那些田都变成圆形的。这下子，圆圆可高兴啦。可是，这时圆圆听见一个不高兴的声音：“是谁把田都变成圆的？圆跟圆之间，多出来一大块、一大块空地，这怎么行呢？太浪费土地啦！”圆圆一看，原来是农民伯伯在说话。只听得农民伯伯说声“变”，田地重新成方的了，一块紧挨着一块。中间只留下一条细长的田埂，好让人们走路。

这一夜，圆圆做了好几个梦。在每一个梦里它都想把方方赶走，变成圆圆，可是都没有成功。这一夜，圆圆翻来又覆去，没睡好。

想不到，方方睡着了，也做起梦来——

方方梦见自己在公路上遇到一辆自行车。它一看见自行车的车轮是圆的，心里就火了。它说声“变”，自行车的车轮一下子就变成方的了。这时，自行车马上摔倒在地上。那骑自行车的阿姨从地上爬起来，非常生气，问道：“是谁把我的车轮变成方的？方的车轮怎么滚动？”阿姨说声“变”，把车轮重新变成圆的，骑着自行车飞快地跑了。

方方没办法，东游西逛，来到了炼油厂。它一看，炼油厂的贮藏汽油的油罐怎么都是圆的，很不顺眼。它说声“变”，把油罐一下子变成了方的。想不到，这下子可闯祸了，油罐里的汽油直往外冒。方方知道，汽油是很危险的东西，一见火就会烧起来，不得了！油罐生气地说：“是谁把我变成方的？要知道，石油工人把我做成圆的，是因为圆形的东西装得最多。一变成方形的，油就装不下，流出来了。”方方一听，赶紧大叫：“变，变，变……”

这时，圆圆一夜没睡好，刚刚睡着，就被方方大叫“变，变，变”的声音吵醒了。

圆圆问方方为什么连声叫“变”，方方不好意思地把自己做的梦告诉了圆圆。

圆圆一听，脸也红了，不好意思地把自己做的梦也告诉了方方。

从此，圆圆跟方方再也不吵了，互相尊重，互相学习。因为它俩懂得：圆圆有圆圆的优点，方方也有方方的优点。

它们俩愉快地互相合作：

算盘里，圆圆的算盘珠住在方方的算盘框里，三下五除二，飞快地计算着。

在汽车中，方方的车厢坐在圆圆的车轮上，“嘟嘟——”飞快地前进。

还有，方方的电子仪器住在圆圆的人造卫星里。这时，圆圆的卫星在宇宙中飞行，方方的电子仪器用无线电波把太空中的见闻，告诉你和你的小伙伴。

“小伞兵”和“小刺猬”

孙幼忱

秋天，蒲公英妈妈的孩子们都长大了。他们每人头上长着一撮蓬蓬松松的白绒毛，活像一群“小伞兵”。许多小伞兵紧紧地挤在一起，就成了个圆圆的白绒球！

小伞兵有许多好朋友，那就是隔壁苍耳妈妈的孩子——小苍耳。小苍耳长得真奇怪，身体小小的，像个枣核，全身长满了尖尖的刺。小伞兵亲热地把他们叫做“小刺猬”。

有一天，一个顶小的小伞兵，对一个顶小的小刺猬说：“我妈妈说，我和哥哥们不会老在这儿住下去的。”

“为什么呢？”小刺猬不明白。

“妈妈说，我们必须分散到别处去，藏在泥土里，才会像妈妈那样，长成一棵真正的蒲公英。”

小刺猬听了，想了一想说：“可是，你们怎么到别处去呀？”

小伞兵还没有来得及回答，突然一阵秋风吹来，把小伞兵头上的白绒毛吹得飘呀飘地。白绒球儿一下子散开了，一个个小伞兵就像真的伞兵那样，张着降落伞飞到天上去了。

顶小的小伞兵飞在空中，快乐地大声喊道："小刺猬，瞧，风伯伯带我们去旅行了！再见，再见！"

好朋友走了，小刺猬真冷清呀！他们也想出去旅行，可是他们没有小伞，不能跟着风伯伯走。

有一天，来了一只小鹿。小鹿轻轻地从苍耳妈妈身边擦过，没想到许多小刺猬就挂在小鹿的毛上了。因为小刺猬身上全是刺呀！

小刺猬好像骑着一匹大马，也快快乐乐地出门旅行去了。

小鹿不停地跑着，跑着。他忽然觉得身上有点儿痒，就靠在一棵小树上，轻轻地擦起痒来。擦呀擦地，这个顶小的小刺猬被擦了下来，落在一片草地上。

小刺猬刚想看看这里是个什么好地方，却听见有谁在说："咦，小刺猬，你怎么也上这儿来啦？"

小刺猬回头一看，啊呀，原来就是那个顶小的小伞兵！小伞兵躺在地上，已经有一半给土埋上了。

看到好朋友，小刺猬真是高兴极了。他连忙回答说："是小鹿把我带来的……"

小伞兵和小刺猬又在一起了。风伯伯吹起又松又软的土，轻轻地盖在小伞兵和小刺猬的身上。

明年春天，小伞兵和小刺猬就会从泥土里钻出来。

到那个时候，小伞兵就是一棵真正的蒲公英了，像他的妈妈那样，长着有刺的叶子，开着美丽的小黄花。

小刺猬也是一棵真正的苍耳了，象他的妈妈那样，长着带锯齿的心脏形的叶子，开着绿色的小花。

我们的土壤妈妈

高士其

我们的土壤妈妈，
是地球工厂的女工。
在大自然的建设计划中，
她担负着
几部门最重要的工作。

她保管着矿物、植物和动物，
还有肉眼看不见的微生物。
她改造物质，发展生命，
经营着无机和有机
两大世界的巨大工程。

她住在地球表面的第一层，
由几寸到几尺的深度

都是她的工作区。
她的下面有水道，
水道的下面是牢不可破的地壳。

她是矿物商店的店员。
在她杂色的柜台上，
陈列着各种的小石子和细沙，
都是由暴风雨带来的，
从高山的崖石上冲洗下来的。

她是植物的助产士。
在她温暖的怀抱里，
开放着所有的嫩芽和绿叶，
摇摆着各色的花朵和果实，
根和她紧密地拥抱。

她是动物的保姆。
在她平坦的摇床上，
蹦跳着青蛙和老鼠，
游行着蚂蚁和蚯蚓，
蜷伏着蛹和寄生虫。

她是微生物的培养者。
在她黑暗的保温箱里，
微生物迅速地繁殖着：
它们进行着化解蛋白质的工作，
它们进行着制造植物肥料的工作。

我们的土壤妈妈，
像地球的肺。
她会吸进氧气，
她会呼出二氧化碳，
有时还会呼出阿摩尼亚。

她又像地球的胃，
她会消化有机物。
地球上所有的腐物，
几千年人和兽的尸体，
都由她慢慢地侵蚀。

她又像地球的肝，
毒质碰着她就会被分解，
臭味碰着她就会被吮吸，
病菌碰着她就会被淘汰，

使传染病停止了蔓延。

我们的土壤妈妈，
同水有深厚的感情！
她有多孔性和渗透性，
她像海绵一样，能够尽量吸收水。

我们的土壤妈妈，
同太阳有亲密的友谊！
她能够接受太阳的热，
当黄昏来到的时候，
又把它发散出来。

气候也会影响她的健康。
冰雪的冬天，
把她冻坏了；
快乐的春天，
把她解放了。

在城市，有数不尽的垃圾堆
都要经过她的改造，
才能变成美好的肥料。

我们的土壤妈妈，
完成了清洁队员未了的工作。

在农村，有数不清的田亩，
滴上农民们的血汗，
播种下谷子、小麦和高粱。
我们的土壤妈妈，
从不辜负农民的希望。

改造自然的伟大计划，
把沙漠变成了绿洲，
从荒芜走向繁荣，
我们的土壤妈妈，
更进一步展开她的工作。

·外国卷·

蝉的故事

[法国]法布尔

一、蝉和蚁

我们大多数对于蝉的歌声，总是不大熟悉，因为它是住在生有洋橄榄树的地方，但是曾读过拉·封丹的寓言的人，大概都记得蝉曾受过蚂蚁的斥责的吧，虽然拉·封丹并不是谈到这故事的第一人。

故事上说：整个夏天，蝉不做一点事，只是终日唱歌，而蚂蚁则忙于储藏食物。冬天来了，蝉为饥饿所驱，只有跑到它的邻居那里借一些粮食。结果它遭了难堪的待遇。

勤俭的蚂蚁问道："你夏天为什么不收集一点食物呢？"蝉回答道："夏天我歌唱太忙了。"

"你唱歌吗？"蚂蚁不客气地回答，"好啊，那么你现在可以跳舞了。"说完就转身不理它了。

但在这个寓言中的昆虫，并不一定是蝉，拉·封丹所想的恐怕是螽斯，而英文常常把螽斯译为蝉。

就是我们村庄里，也没有一个农民，会如此无常识地想象冬天会有蝉存在。差不多每个农民，都熟悉这种昆虫的幼虫，天气渐冷的时候，他堆起洋橄榄树根的泥土，随时可以掘出这些蛴螬。至少有千次以上，他曾见过这种幼虫穿过它自造的圆孔，从土穴中爬出，紧紧握住树枝，背上裂开:脱去它的皮，变成一只蝉。

这个寓言是诽谤。蝉确实需要邻居们很多的照应，但它并不是个乞丐。每到夏天，它成阵的来到我的门外，在两棵高大筱悬木的绿阴中，从日出到日落，刺耳的乐声吵得我头脑昏昏。这种振耳欲聋的合奏，这种无休无止的鼓噪，简直使人无法思索。

有的时候，蝉与蚁也确实打交道，但是它们与前面寓言中所说的刚刚相反。蝉并不靠别人生活。它从不到蚂蚁门前去求食，相反的，倒是蚂蚁为饥饿所驱，求乞于这位歌唱家。我不是说乞求吗？这句话，还不确切，它是厚着脸皮去抢劫它。

7月天气，当我们这里的昆虫，为口渴所苦，失望地在已经萎谢的花上，跑来跑去寻求饮料，而蝉却依然很舒服，不觉痛苦。用它生在胸前的突出的嘴——一个精巧而尖利如锥子的吸管，来刺饮取之不竭的圆桶。它坐在树的枝头，不停的唱歌，只要钻通坚固平滑的树皮，里面有的是汁液，吸管插进桶孔，它就可畅饮一气。

如果稍许等一下，我们也许就可看到它遭受意外的烦扰。因为邻近有很多口渴的昆虫，立刻发现了蝉的井里流出浆汁，它们起初是安静小心地跑去舔食。这些昆虫大都是黄蜂、苍、蚰蜒、玫瑰虫等，而最多的却是蚂蚁。

身材小的为了要达到这个井，就偷偷从蝉的身底爬过，蝉却很大方地抬起身子，让它们过去。大的昆虫，抢到一口，就赶紧跑开，走到邻近的枝头，当它再回转头来，胆量比从前忽然大起来，一变而为强盗，想把蝉从旁边驱逐掉。

顶坏的罪犯，要算蚂蚁。我曾见过它们咬紧蝉的腿尖，拖住它的翅膀，爬上它的后背，甚至有一次一个凶悍的强徒，竟当我的面，抓住蝉的吸管，想把它拉掉。

最后，麻烦越来越多，这位歌唱家无可再忍，不得已抛开自己所做的井，悄悄地溜走。于是蚂蚁的目的达到，占有了这个井。确实这个井干得很快；但是当它喝尽了里面所有的浆汁以后，还可以等待机会再去抢劫别的井，以图第二次的痛饮。

你看，真正的事实，不是与那个寓言正相反吗？蚂蚁是顽强的乞丐，而勤劳的生产者却是蝉。

二、蝉的地穴

我有很好的环境可以研究蝉的习性，因为我是与它同住的。7 月初临，它就占据了靠我屋子门前的树。我是屋里的主人，门外它却是最高的统治者，不过它的统治无论怎样总是不很安静的。

蝉的初次发现是在夏至。在阳光曝晒、久经践踏的道路上，有好些圆孔，与地面相平，大小约如人的拇指。通过这些圆孔，蝉的幼虫从地底爬出，在地面上，变成完全的蝉。它们喜欢顶干燥、阳光顶多的地方；因为幼虫有一种有力的工具，能够刺透焙过的泥土与沙石。当我考察它们遗弃下的储藏室时，我必须用斧头来挖掘。

最使人注意的，就是这约一寸口径的圆孔，四边一点垃圾都没有，没有将泥土堆掷弃在外面。大多数的掘地昆虫，例如金蜣，在它的窠巢外面总有一座土堆。这种区别是由于它们工作方法的不同。金蜣的工作是由洞口开始，所以把掘出来的废料堆积在地面；但蝉的幼虫是从地底上来的，最后的工作，才是开辟门口的出路。因为门还未开，所以它不可能在门口堆积泥土。

蝉的隧道大都是深达十五至十六寸，通行无阻，下面的地位较宽，但是在底端却完全关闭起来。在做隧道时，泥土搬移到哪里去了呢？为什么墙壁不会崩裂下来呢？谁都要以为蝉的幼虫用了有爪的腿爬上爬下，会将泥土弄塌了，把自己的房子塞住的。

其实，它的动作，简直像矿工，或是铁路工程师。矿工用支柱支持隧道，铁路工程师利用砖墙使地道坚固，蝉同他们一样聪明，它在隧道的墙上涂上水泥。在它的身子里藏有一种极黏的液体，就用它来做灰泥，地穴常常建筑在含有汁液的植物根须上的。它可以从根须取得汁液。

能够很随便地在穴道内爬上爬下，对于它是很重要的，因为当它可以出去晒太阳的日子来到时，它必须先知道外面的气候是怎样。所以它工作好几个星期，甚至几个月，做成一条涂墁得很坚固的墙壁，适宜于它上下爬行。在隧道的顶上，它留着一指厚的一层土，用来保护并抵御外面气候的变化，直到最后的一刹那。只要有一些好天气的消息，它就爬上来，利用顶上的薄盖，去考察气候的情况。

假使它估量到外面有雨或风暴——当纤弱的幼虫脱皮的时候，这是一件顶重要的事情——它就小心谨慎地溜到温暖严紧的隧道底下。但是如果气候看来很温暖，它就用爪击碎天花板，爬到地面上来了。

在它臃肿的身体里面，有一种液汁，可以利用它来避免穴里面的尘土。当它掘土的时候，将液汁喷洒在泥土上，使它成为泥浆，于是墙壁更加柔软。幼虫再用它肥重的身体压上去，使烂泥挤进干土的罅隙里。所以，当它在顶上出现时，身上常有许多潮湿的泥点。

蝉的幼虫，初次出现于地面时，常常在邻近地方徘徊，寻求适当地点——一棵小矮树，一丛百里香，一片野草叶，或者一枝灌木枝——脱掉身上的皮，找到后，它就爬上去，用前爪紧紧地把握住，丝毫不动。

于是它外层的皮开始由背上裂开，里面露出淡绿色的蝉。头先出来，接着是吸管和前腿，最后是后腿与摺着的翅膀。此时，除掉身体的最后尖端，全体已完全蜕出了。

其次，它表演一种奇怪的体操，它腾起在空中，只有一点固着在旧皮上，翻转身体，直到头部倒悬，皱摺的翼，向外伸直，竭力张开。于是用一种几乎不可能看清的动作，又尽力将身体翻上来，并用前爪钩住它的空皮，这个动作，把它身体的尖端从壳中脱出。全部的经过大概要半小时之久。

在短时期内，这个刚得到自由的蝉，还没十分强壮。在它的柔弱的身体还没具有精力和漂亮的颜色以前，必须在日光和空气中好好地沐浴。只用前爪挂在已脱下的壳上，摇摆于微风中，依然很脆弱，依然是绿色的。直到棕色出现，才同平常的蝉一样。假定它在早晨九点钟占据了树枝，大概在十二点半，扔下它的皮飞去。空壳挂在枝上有时可以经过一两个月之久。

三、蝉的音乐

蝉似乎是由于自己的喜爱而歌唱的。翼后的空腔里带着一种像钹一般的乐器。它还不满足，还要在胸部安置一种响板，以增加声音的强度。有种蝉，为了满足音乐的嗜好，确实做了很多的牺牲。因为有这种巨大的响板，使得生命器官都无处安置，只好把它压紧到身体最小的角落里。为安置乐器而缩小内部的器官，这当然是极热心于音乐的了！

但是不幸得很，它这样自鸣得意的音乐，对于别人，完全不能引起兴趣。就是我也还没有发观它唱歌的目的。通常的猜想，以为它是在叫喊同伴，然而事实证明这个见解是错误的。

蝉与我比邻相守差不多十五年，每个夏天，将近两个月之久，它们总不离我的眼帘，而歌声也不离我的耳畔。我通常都看见它们在筱悬木的柔枝上，排成一列，歌唱者和它的伴侣相并而坐。吸管插到树皮里动也不动地狂饮，夕阳西下，它们就沿着树枝用慢而且稳的脚步旋转，寻找最热的地方。无论在饮水或行动时，它们从未停止歌唱。

所以这样看起来，它们并不是叫喊同伴。因为你不会费时几个月，站在那里去呼喊一个正在你身旁的人。

其实，照我想，就是蝉自己也不曾听见它这种兴高采烈的歌声。不过是想用这种强硬的方法，强迫别人去听而已。

它有非常清晰的视觉。它的五只眼睛，会告诉它左右以及上方有什么事情发生；只要看到有谁跑来，它立刻停止歌声，悄悄飞去。然而喧哗却不足以惊扰它，你尽管站在它的背后讲话，吹哨子，拍手，撞石子，它都满不在乎。要是一只麻雀，就是比这种声音更轻微，虽然它没有看见你，一定也会惊慌地飞去。这镇静的蝉却仍然继续发声，好像没有事一样。

有一回，我借来两支农民在节日用的土铳，里面装满火药，就是最重要的喜庆事也只用这么多。我将它放在门外的筱悬木树下。我们很小心地把窗开着，以防玻璃震破。在头顶树枝上的蝉，不知道下面在干什么。

我们六个人等在下面，热心倾听头顶上的乐队受到什么影响。砰！枪放出去，声如霹雳。

一点没有关系，它仍然继续歌唱。没有一点表现出一些扰乱的情况，声音的质与量也没有些微的改变。第二枪和第一枪一样，也不发生影响。

我想，经过这次实验，我们可以确定，蝉是听不见的，好像一个极聋的聋子，它是完全不觉得它自己所发的声音的！

四、蝉的卵

普通的蝉喜欢产卵在干的细枝上，它选择那最小的枝，像枯草或铅笔那样粗细；而且往往是向上翘起，从不下垂，差不多已经枯死的小枝干。

它找到了适当的细树枝，即用胸部尖利的工具，刺成一排小孔——这些孔好像用针斜刺下去，把纤维撕裂，把它微微挑起。如果它不被扰害，一根枯枝上，常常刺成三十或四十个。

它的卵就产在这些孔里的小穴中。这些小穴是一种狭窄的小径，一个个地斜下去。每个小穴内，普通约有十个卵，所以总数约在三四百之间。

这是一个昆虫的很好的家族。然而它之所以产这许多卵，理由是防御一种特别的危险，必须要产生大量的幼虫，预备被毁坏掉一部分。经过多次的观察，我才知道这种危险是什么。就是一种极小的蚋，它如果和蝉比较起来，蝉简直是庞大的怪物。

蚋和蝉一样，也有穿刺工具，位于身体下面近中部处，伸出来时和身体成直角。蝉卵刚产出，蚋立刻企图把它毁坏。这真是蝉的家族中之灾祸！大怪物只需一踏，就可轧扁它们，然而它们竟镇静异常，毫无顾忌，置身在大怪物之前，这真是令人惊讶。我曾见过三个蚋顺序地待在那里，同时预备掠夺一个倒霉的蝉。

蝉刚装满一小穴的卵，又到稍高的地方，另做新穴。蚋立刻来到这里，虽然蝉的爪可以够得到它，然而它很镇静，一点不害怕，如同在自己的家里一样，在蝉卵之上，加刺一孔，将自己的卵产进去。蝉飞去时，它的孔穴内，多数已混进了别人的卵，这能把蝉的卵毁坏。这种成熟很快的幼虫，每个小穴内一个，就以蝉卵为食，代替了蝉的家族。

几世纪的经验，这可怜的母亲仍一无所知。它的大而锐利的眼睛，并非看不见这些可怕的恶人，不怀好意地待在旁边。它当然知道敌人跟在后面，然而它仍然无动于衷，让自己被牺牲。它要轧碎这些坏种子非常容易，不过它竟不能改变原来的本能，解救它的家族，避免破坏。

从放大镜里，我曾见过蝉卵的孵化。开始很像极小的鱼，眼睛大而黑，身体下面，有一种鳍状物，由两个前腿连结而成。这种鳍有些运动力；帮助幼虫走出壳外，并且帮助它走出有纤维的树枝，这是比较困难的事情。

鱼形幼虫一出穴外，即刻把皮脱去。但脱下的皮自动地形成一种线，幼虫靠它能够附着在树枝上。它在未落地以前，先在此行日光浴，踢踢腿，试试自己的筋力，有时却又懒洋洋地在绳端摇摆着。

它的触须现在自由了，左右挥动；腿可以伸缩；在前面的爪能张合自如。身体悬挂着，只要有一点微风，就动摇不定，在这里为它将来的出世做好准备。我所看到的昆虫中再没有比这个更具奇观的了。

不久，它落到地上来了。这个像蚤一般大的小动物，在它的绳索上摇荡，以防在硬地面上摔伤。身体渐渐在空气中变硬。现在它投入严肃的实际生活中了。

这时，在它面前危险重重。只要有一点风，就能把它吹到硬的岩石上，或车辙的污水中，或不毛的黄沙上，或

坚韧得无法钻下去的黏土上。

这个弱小的动物，很迫切的需要隐蔽，所以必须立刻到地底下寻觅藏身的地方。天气冷起来了，迟缓就有死亡的危险。它不得不四处找寻软土；毫无疑问，许多是在没有找到以前就死去了。

最后，它寻找到适当的地点，用前足的钩，扒掘地面。从放大镜中，我见它挥动斧头，将泥土掘出抛在地面。几分钟后，一个土穴就挖成了，这小生物钻下去，埋藏了自己，此后就不再出现了。

未长成的蝉的地下生活，至今还是未发现的秘密，不过在它未长成来到地面以前，地下生活所经过的时间我们是知道的。它的地下生活大概是四年。以后，日光中的歌唱是五星期。

四年黑暗中的苦工，一个多月日光下的享乐，这就是蝉的生活。我们不应当讨厌它那喧嚣的凯歌，因为它掘土四年，现在才忽然穿起漂亮的衣服，长起可与飞鸟匹敌的翅膀，沐浴在温暖的日光中。什么样的钹声能响亮到足以歌颂它那得来不易的刹那欢愉呢？

（王大汶/译）

蟋蟀的住宅

[法国]法布尔

居住在草地的蟋蟀，差不多和蝉一样的有名，在有数的卓越昆虫中是很出色的。它的出名是由于它的唱歌和住宅。单有一样是不足以成此大名的。

在各种昆虫中，只有蟋蟀长大后，有固定的家庭，这是它工作的报酬。在一年中最坏的季节，大多数别种昆虫，都在临时的隐避所藏身，它们的隐避所得来既方便，弃去也毫不足惜。在这件事上，蟋蟀是超群的。

建造一所住房实在是一个严重的问题。不过这已为蟋蟀、兔子，最后为人类所解决。在我的邻近的地方，有狐狸和獾猪的洞穴，大部分是不整齐的岩石形成的。很少经过修整，只有个洞就算了。兔子要比它们聪明些，如果那里没有天然的洞穴，可使它住下以免外间的烦扰的话，它就拣它所欢喜的地方去挖掘住所。

蟋蟀比它们更要聪明得多。它轻视偶然碰到的隐避处，它常常慎重地选择住宅的地址，一定要排水优良，并且有温和的阳光的地方。它不利用既成的洞穴，因为不适宜，而且草率；它的别墅一点点都是自己掘的，从大厅一直到卧室。

除掉人类，我没有看到建筑技术有比它还高明的；就是人类，在搀和沙石和灰泥使它固结和用黏土涂壁的方法未发明以前，还是以岩石为隐避所和野兽斗争的。为什么这种识别的本能，单独赋予这种动物呢？最低下的动物，却可以有一个完善的住宅。它有一个家，它有平静的无上舒服的退隐之所；同时在它附近的地方谁都不能住下来。除掉我们人类以外，没有谁同它来争夺的。

它怎么会有这样的才能呢？它有特别的工具吗？不，蟋蟀并不是掘凿技术的专家；实际上，人因为看到它的工具的柔弱，所以对这样的结果就引以为奇了。

是不是因为它皮肤太嫩，而需要一个住家呢？也不是，它的同类，有和它一样感觉灵敏的皮肤，但并不怕在露天下生活。

那么它建筑住所的才能，是不是因为它身体的结构上的原因呢？它有没有做这项工作的特别器官呢？没有，我附近地方，有三种别的蟋蟀，它们的外表、颜色、构造，都很像田野的蟋蟀，猛一看，常常都当着是它。这些一个模子下来的同类，竟没有一个晓得怎么掘一个住所。一种双斑点的蟋蟀，住在潮湿地方的草堆里，孤独的蟋蟀，在园丁翻起的土块上跳来跳去；而波而多蟋蟀甚至毫无恐惧地闯到我们屋子里来，从8月到9月，在那些黑暗而凉爽的地方，小心地歌唱。

这四种类似的蟋蟀中，只有一种能掘穴，所以如果要知道本能的由来，还需更进一步去研究。

哪一个不晓得蟋蟀的家呢？哪一个在儿童时代，到田野里去游戏的时候，没有到过这隐士的房屋前呢？无论你走得多么轻，它都能听得见你来了，并且立刻躲到隐蔽地方的底下去。当你到的时候，它早已离开了它的门前。

人人都知道，用什么方法将这隐匿者引逗出来，你拿起一根草，放在洞中去轻轻地转动。它以为上面发生了什么事情，这被搔痒和窘恼的蟋蟀从后面房间跑上来了；停在过道中，猜疑着，鼓动它的细触须打探。它渐渐跑到亮光处来，只要一跑出外面，就很容易被捉到，因为这些事，已经将它的简单的头脑弄昏了。如果第一次，被它逃脱，它就会非常疑惧，不肯再出来。在这种情形之下，可以用一杯水将它冲出来。

我们的儿童时代，那时候真可羡慕，我们到草地去捉蟋蟀，养在笼子里，用莴苣叶喂它们。现在为了研究它们，我又搜索起它们的巢来了。儿童时代如同昨日一样，当我的同伴小保罗，一个利用草须的专家，在长时间的施行他的技术和忍耐以后，忽然兴奋地叫道："我捉住它了！我捉住它了！"

快些，这里有一个袋子！我的小蟋蟀，你进去罢，你可安居在这里，还有丰足的饮食；不过你一定要告诉我们一些事情，第一件必须让我看看你的家。

在朝着阳光的堤岸上，青草丛中，隐着一个倾斜的隧道，这里就是有骤雨，即刻也就会干的。这隧道最多是九寸深，不过一指宽，依着土地的天然情况或弯曲或成直线。差不多像定例一样，总有一丛草将这所住屋半掩着，其作用如一间门洞，将进出的孔道隐于黑阴之下。蟋蟀出来吃周围的嫩草时，决不碰及这一丛草。那微斜的门口，仔细耙扫，收拾得很广阔；这就是它的平台，当四周的事物都很平静时，蟋蟀就坐在这里弹它的四弦提琴。

屋子的内部并不奢华，有光着，但并不粗糙的墙。住户很有闲暇去修理任何粗糙的地方。隧道之底就是卧室，这里比别处修饰得略精细，并且宽大些。大体上讲，是一个很简单的住所，非常清洁，没有潮湿，一切都合乎卫生的条件。在另一方面说来，假使我们想到蟋蟀用以掘地的工具的简单，这真是一件伟大的工程了。如果我们要知道它怎样做的和它什么时候开始做的，我们一定要从蟋蟀刚刚下卵的时候讲起。

我花园中的蟋蟀，被蚂蚁残杀尽，使我不得不跑到外面去寻找它们。8 月，在落叶中的草还没有完全被太阳晒枯，我看到新生的蟋蟀，已经比较的大，在这个时期，它的生活是流浪的；一片枯叶，一块扁石头，已是够应付它的需要了。

许多从蚂蚁口中逃脱残生的蟋蟀，现在做了黄蜂的牺牲品，它们猎取这些游行者，把它们贮藏在地下。它们如果提早几个星期掘住宅，就没有危险了；但它们从未想到，它们老守着旧习惯。

一直要到 10 月之末，寒气开始迫人时，它们才动手造巢穴。如果以我观察关在笼中的蟋蟀来判断，这项工作是很简单的。掘穴决不是在裸露的地面着手，而是常常在莴苣叶——残留下来的食物——掩盖的地点。这里替代草丛的，似乎为了使它的住宅秘密起见，那是不可缺少的。

这位矿工用前足扒土，并用大腮的钳子，拔去较大的砾块。我看到它用强有力的后足踏，后腿上有二排锯齿；同时我也看到它扫清尘土，推到后面，将它倾斜的铺开。这样，你可以知道它全部的方法了。

工作开始做得很快。在我笼子里的土中，它钻在底下两小时，它不时地到进出道口来，但常常是向后面不停地扫着。如果它感到疲劳，它可以在未完工的家门口休息一会，头朝着外面，触须无力地在摆动。不久它又进去，用钳子和耙继续工作。后来休息的时间渐渐加长，使我有些不耐烦了。

工作最重要的部分已经完成。洞有两寸深，已足供暂时的需用了。余下的是长时间的工作，可以慢慢地做，今天做一点，明天做一点。这个洞可以随天气的加冷和身体的增大而加深加阔。即使在冬天，只要是气候还比较温和，太阳晒在住宅的门口时，还是可以看见蟋蟀从里面抛出泥土来。在春季享乐的天气里，这住宅的修理工作仍然继续不已。改良和修饰的工作，总是经常地在进行着，直到主人死去。

4月之末，蟋蟀开始唱歌。最初是生疏而羞涩的独唱，不久，就成合奏乐，每块泥土都夸赞它的奏乐者了。我乐意将它列于春天唱歌者之首。在我们的废地上，百里香的欧薄荷盛开时，百灵鸟如火箭似的飞起来，扳开喉咙歌唱，将甜美的歌曲，从天空散布到地上。下面的蟋蟀，唱歌相和。它们的歌单调而无艺术性，但它的缺乏艺术性和它苏生之单纯喜悦正相适合，这里惊醒的歌颂，也是萌芽的种子和初生的叶片所了解的歌颂。对于这种二重唱，我敢说蟋蟀是优胜者。拿它的数目和不间断的音节来说，是可以当之无愧的。摇荡在日光下，散布着芬芳的欧薄荷，把田野染成灰蓝色，即使百灵鸟停止了歌声，田野仍然可以由这些淳朴的歌手得到一曲赞美之歌。

（严大椿/译）

尾 巴

[前苏联]比安基

苍蝇飞到人面前，向人说：

“你是动物之王，你什么都会做。你给我安一条尾巴吧！”

“你要尾巴来干什么？”人问道。

“所有的野兽有尾巴，不都是为了好看嘛！”苍蝇说，“我要尾巴，也是为了好看。”

“我还没听说过，有哪种野兽长一条尾巴是为了好看。再说，你没有尾巴，不也活得好好的么。”

苍蝇一听生了气，就给人捣起乱来了：一会儿落在甜点心上，一会儿落在人的鼻子上，一会儿在人的左耳旁嗡嗡叫，一会儿在人右耳旁嗡嗡叫。真正讨厌死了！人被他吵得再也受不了啦，就向他说：

“唉，好吧，苍蝇，你飞到树林里去吧，飞到河边去吧，飞到田野里去吧！要是你在那儿能找到一只有尾巴单是为了好看的飞禽走兽或者爬虫，那你就可以把它的尾巴拿去，我许可你拿。”

苍蝇听了很高兴，从小窗里飞了出去。

它飞过花园，看见树叶上有一条蛞蝓在爬，就飞到蛞蝓跟前，大声叫道："蛞蝓，把你的尾巴送给我！你长这尾巴是为了好看。""这叫什么话呀！这叫什么话呀！"蛞蝓说，"我根本没有尾巴——这是我的肚子。我把肚子一缩一放，一缩一放，才能往前爬。我是腹足动物。"

苍蝇发现自己搞错了，就往前飞去。

它飞到小河边，小河里有一条鱼、一只虾——他们俩都有尾巴。苍蝇向鱼说：

"把你的尾巴给我吧！你长尾巴是为了好看。"

"才不是为了好看呢！"鱼回答道，"我的尾巴是舵。你看：我需要往右拐弯的时候，就把尾巴往右摆；需要往左拐弯的时候，就把尾巴往左摆。我可不能把尾巴送给你。"

苍蝇向虾说：

"虾呀，把你的尾巴给我吧！"

"我不能给你，"虾说，"我的脚又细又弱，我不能用脚划水。我的尾巴倒是宽大有力。我用尾巴一拍水，身子就往前一弹。拍着，拍着，我就往前游去了，乐意往哪儿游，就往哪儿游。我的尾巴是当桨用的。"

苍蝇继续往前飞。它飞到树林里，看见啄木鸟蹲在树枝上。苍蝇飞到啄木鸟跟前说："啄木鸟，把你的尾巴给我吧！你长这条尾巴，只是为了好看。"

“你这话才叫怪呢！”啄木鸟回答，“我要是没有这条尾巴，还怎么凿树干，还怎么给自己找食吃，还怎么给孩子们造窝？”

“你用嘴好了。”苍蝇说。

“嘴当然是用得着的”，啄木鸟回答，“不过，没有尾巴也不成。喏，你看，我是怎样凿的。”

啄木鸟把又硬又结实的尾巴支在树皮上，把整个身子一晃，嘴照准树干凿了下去——只见木屑一阵乱飞！

苍蝇一看：不错，啄木鸟凿树的时候，的确是坐在尾巴上，它离了尾巴是不行的。尾巴是它的支柱。

苍蝇又往前飞。

它看见矮树丛里有一只母鹿，带着几只小鹿。母鹿的尾巴很短，是白色、毛蓬蓬的。苍蝇嗡嗡地叫了起来：

“母鹿，把你的小尾巴送给我吧！”

母鹿听了大吃一惊。

“你在说什么！你在说什么！”母鹿说，“如果我把尾巴给了你，那我的小鹿都得丢了。”

“你的尾巴对小鹿有什么用处？”苍蝇惊讶地问道。

“当然有用，”母鹿说，“比方说，有狼来追我们的时候，我得藏起来，就往树林里跑。小鹿跟在我后头跑。在许多树木当中，它们看不见我。于是我就摇小白尾巴。像摇手帕似的。‘往这边跑呀，这边！’它们看见前面有个白东西一闪一闪，就紧紧地跟在我后面跑。这样，我们一家子都可以逃命。”

没有法子，苍蝇只好再往前飞。

它飞了一会儿，碰见一只狐狸。嗬！这条狐狸尾巴真叫漂亮，蓬蓬松松的，火红火红的，美丽极了！

“好呀，”苍蝇心想，“这条尾巴准得归我了。”

于是它飞到狐狸跟前去嚷道：

“给我尾巴！”

“苍蝇，你在说些什么呀！”狐狸回答，“我要是没有尾巴，就活不成了。我要是没有尾巴，狗追我的时候，一下子就把我捉住了。靠了这条尾巴，我可以把狗骗过去。”

“你怎样用尾巴骗狗呢？”苍蝇问道。

“等狗快要追上我的时候，我就甩尾巴！把尾巴往右甩，自己往左逃。狗看见我的尾巴往右甩，就往右追。等他明白是搞错了的时候，我已经跑远了。”

苍蝇看到所有的动物的尾巴都是有用的，不论是在树林里，还是在河水里，都没有多余的尾巴。没有法子，苍蝇只好飞回家去了。它想道：

“我只好还是去给人捣乱，闹得他心烦，他就只好给我做一条尾巴。”

人正坐在小窗口，眼睛望着院子里。

苍蝇落在人的鼻子上。人“啪”地一巴掌，打在自己鼻子上。哪知苍蝇已经飞上了他的脑门儿。人又“啪”地一巴掌，打在自己脑门儿上，可是苍蝇又飞回鼻子上去了。

“苍蝇，你别给我捣乱了！”人说。

“我就是不走，”苍蝇嗡嗡地说，“你干吗取笑我，打发我去找没有用的尾巴？所有的动物我都问过了——所有的野兽的尾巴，都是有用的。”

人摆脱不掉苍蝇的纠缠，觉得苍蝇实在太讨厌！

就想了想，说：“苍蝇，苍蝇，你看，院子里有一头牛，你去问问牛，它的尾巴是干什么用的。”

“好吧！苍蝇说，“我再去问问牛，如果牛也不肯把尾巴送给我，人呀，我非把你给烦死不可！”

苍蝇飞出小窗，落在牛背上，一个劲儿嗡嗡地叫：“牛呀，牛呀，你要尾巴来干什么？牛呀，牛呀，你要尾巴来干什么？”半天，牛也没作声，后来突然用尾巴往自己背上一抽，恰好打中了苍蝇。

苍蝇摔了下去，六脚朝天断了气。

人从小窗口里说：

“苍蝇，你这叫作活该！你不应该跟人捣麻烦，也不应该跟其他动物捣麻烦。你太讨厌了！”

（王汶/译）

太阳请假的时候

[德国]柏吉尔

“从前有个时候”，一天晚上，乌拉·波拉说，“人们忽然觉得悲观起来，他们不满意自己，不满意上帝，也不满意世界。‘喔，’他们说，‘生活真是个重累。工作太多，娱乐太少。我们得把这个状况颠倒过来，总而言之，统而言之，我们要好好地休息一下了！’

“于是他们把所有的事情都搁置起来，一齐罢工！所有的机轮都停止了，烟囱里不再出烟。刚造好一半的屋子，围着高高的鹰架，高耸在天空。裁缝从此不拿缝针；皮匠不再擦蜡线，不再钉鞋底；店员紧闭店门；矿工停止下矿；渔夫不去张网。最高兴的要算那些牛羊，它们快活得到处乱跑，高声大叫，因为不再有人来管它们了。

“乡村里的农民，无论是张三、李四、阿猫、阿狗，都聚集在小茶馆里，说：‘好，既然城里人一齐罢工，我们又为什么一定要去种田呢？我们也要罢工！’于是犁头、铁锄、镰刀、水车等等的农具就没有人去过问了。‘随你们

便，’城里人说，‘我们的仓库里有满仓的米谷，我们的地窖里更有满窖的马铃薯。我们还暂时不需要你们的农产品！’

“太阳惊奇地从天空中望下来，注视着地面上所有的奇事。

“‘啊’，月亮说，‘世界上的人都着了魔。我在地球四周环行了无数万年，我曾看见过不少疯狂的事情，可从不曾看见过像现在那样的荒唐。我看人类是要发生不幸的结果了，因为把一切人团结起来的只有工作，现在他们连手指都不动一动，他们的前途就只有灭亡。哦，我认为工作是光荣的，我将要继续照亮黑夜，并且领着黄金色的“星的羊群”在天空放牧！’

“可是现在农民早已停止耕种，张三、李四、阿猫、阿狗都整天坐在茶馆酒店里打牌喝酒，这就使太阳非常灰心。‘既然这样，我又何必再照耀这大地呢，’一天他感伤地说，‘你们既然不下种子来叫我培育成熟，既然用不到我来照着你们做工，我的照耀就完全失去了意义。让你们去在黑暗里面逍遥吧，我是不愿意照耀一批懒惰虫的。你们得想想明白，赶快做工，否则我也要请假了！’

“‘别管我们，太阳先生，’人们抱怨地说，‘你要怎样做，随你的便，我们早已决定不再做工了！’

“那一天晚上，太阳在西下的时候脸色通红，显然是发怒了，下一天早晨他就不再回来。他已经请假了！

“‘太阳真的躲开了。’人们说，有好些人都哭丧着脸。‘这么一来，天要冷起来了。’他们说，‘而且白天也将同黑夜一样黑暗了。’‘不过夜里是可以有光的，’还有些人说，‘因为夜里有月亮出来照耀我们！’

“可是到了夜里，天空还是乌黑。月亮似乎也请假了。人们都跑去问最著名最博学的天文学家，这是什么原因，为什么月亮不在天空照耀。

“‘喔，这个么，’天文学家说，‘她是没有办法来照耀了；太阳不发光，就连月亮自己也躲在黑暗里，因为她先得被太阳照亮了，才能把这光反射到地面上来。’

“‘好吧，’人们懊丧地说，‘那么她就不必照耀了。我们还可以用电灯来照亮街道，用电炉来温暖房屋。’

“他们用煤来烧锅炉，开动巨大的蒸汽机，造成电流，使它通过千百盏电灯把全镇上每家每户都照亮了。从煤，他们又造成了煤气。他们把煤放在大囤中加热，把产生的煤气用导管通往每家每户，把它点着，这样，他们就可以用电炉取暖，用煤气灶煮菜。他们嘲笑着太阳。

“但是过了一段时间，所有的存煤都用尽了，由于矿工不愿意替别人服务，锅炉里的水就无法煮沸，蒸汽机就不能开动。同时煤气也没有了，光也没有了，温暖也没有了。人们又开始感到不安。

“但是有些人说：‘不要灰心，我们不怕没有太阳，要是真的没有煤来开动蒸汽机，我们还有水力。世界上有不少的瀑布，从高的地方流下来，我们可以在那里装些水磨和轮机，让水流冲在轮上，使轮子回转，开动发电机。这样我们又可以利用电力来采光取暖了！'

"但是人们跑到瀑布附近，却看见那里没有一滴水在流动，这倒并不是由于水结了冰，实实在在是由于那里没有水。于是他们跑去问最著名最博学的气象学家：'请你告诉我们，那些瀑布为什么都干涸了。'

"'喔，'聪明的气象学家说，'理由很简单！瀑布从很高的山顶头流下来，是由于太阳把山顶的冰雪融化了，变成水的缘故。现在太阳既然停止照耀，冰雪就不再融解，山脚边就不可能有瀑布了。在山顶头积起来的雨水，本来也可以成为瀑布流到山谷里去，可是现在太阳既然不把河海里的水蒸发起来，升到天空里去变成雨云，也不可能有雨和瀑布了！太阳用温热来造成雨露霜雪的变化，可是现在他请了假，就什么都没有了。'

"'真该死，'人们说，'为什么我们要任凭太阳的摆布呢？你想，现在我们该怎么办？我们可以利用风。风可以替我们转动风车，我们有了这风力就可以运转轮子，开动发电机了。不要灰心！我们要建造巨大的风车。'

"'啊哟！'木匠和铁匠却愤愤地说，'大家又要过忙忙碌碌的生活了！"

“但是旁人宽慰他们说，这工作只是暂时的，只要等到风车装置完竣，大家又可以过安闲愉快的生活了。

“于是他们日夜赶造巨大的风帆和机器，把手足都冻僵了，因为那时候地面上的气候是一天寒冷过一天。后来工作终于完成了，只等有风，就可以把巨大的风车旋转起来，于是轮子和发电机就可跟着转动，他们又可以有电力、电光和电热了。可是事实上，那时候一点儿风息都没有，不但最小的树叶静静不动，连微细的尘埃也飞不起来。

“于是人们又到气象学家那里去问：‘请告诉我们，什么时候会再有风！’

“气象学家深深地叹了口气，整了整他的眼镜，然后说：‘没有了太阳，也就没有了风，因为造成风暴的就是太阳。太阳温暖了各地的空气，但是有的地方受阳光多，有的地方受阳光少，所以有的地方比较暖，有的地方比较冷。温暖地方的空气向上升，于是寒冷地方的空气就沿地面流过去补足温暖地方的上升空气。这就形成了风。如果沿地面流动的空气走得太快，这就是风暴，如果它们走得慢一点，那就只成为一种摇曳树枝的轻风。现在太阳既然不再温暖空气，空气就不再流动，你们就白白地建造了这座大风车。’

“于是人们从早到晚板起了脸孔，动不动就生气打架，可是这并没有用，他们还是不能够叫风车转动一分一毫。

‘你们必须再到矿里去挖出些煤来。’人们说，但是矿工们哪里肯听，因为大家休息，他们怎么肯单独做工。‘我们不愿意冻死！’大家叫了起来，于是各处都吵吵闹闹，甚至有人打得头破血流。他们为了要喝热的汤，住暖和的房间，就把所有森林里的树木一齐砍下来当柴烧。但是有人因为在寒冷的露天工作，竟给冻死了。

“气候一天冷过一天，大家都像住在北极一样。海水冻结，足有一百多米厚。所以轮船不能到远方去装运粮食和其他日用品，渔夫不能撒网。森林中的动物都冷死了，空中的鸟类冻僵了落在地上，把血都凝成了冰块。地面冻结，硬得像钢铁一样，就是真要用犁来耕种，也是不可能了。可怕的黑暗笼罩着整个世界，只有冰冷的天空里的远远的繁星，还射出惨淡的微光，照到这不幸的没有太阳的地球上来。

“人们的处境是愈来愈坏了。‘我们要复工’，他们不得不喊了出来，‘我们要享受光明和温暖，我们要享受风和云，我们要享受青翠的森林和迎风起浪的谷田，我们要享受小鸟的歌声和花草的芳香，我们要太阳回到天空，是的，太阳，太阳，他使我们快乐，舒适，万事称心！’

“‘我们要复工，让太阳再来照耀。’大家齐声呼喊，声音震动了整个地球。

“太阳听见了这喊声，他向地球一望，看见人们已经醒悟了过来，他就张开笑口，从地平线上升起来，闪出耀眼的光芒，又把世界容纳在他温暖的怀抱里去了。

“无论男女老幼都跑出屋子来站在睁不开眼的阳光中，温暖他们发抖的四肢。一种新的生命很快地显现在他们灰白色的脸上。太阳凭了他的光线，又表演了无数的奇迹，都是人们一向所不曾注意到的。他解放了冰封的泉水，让它们向前潺潺地流去；他融化了江河湖泽，让海水再生波浪，水手和渔夫照常工作。太阳又把空气温暖，引起气流的纷扰，于是风也吹了，风车上的风帆也转动了。融解的冰雪从山巅流下来，于是瀑布也苏醒了。风车和水车的主人又衔着烟斗，高高兴兴地磨着他们的麦粉。张三、李四、阿猫、阿狗又在新解冻的田地里用犁来翻着泥土。树木长出新芽；残存的小鸟从潜藏的洞穴里飞出来，快活地唱着歌；在天空的云端背后依旧飘浮着那环游地球的老旅行家月亮，脸上露着笑容。

“但是太阳拉开了圆圆的脸，笑眯眯地渐渐西沉，像是慈爱的爸爸关心他的孩子们一样。”

（顾均正/译）

隐身人

[前苏联]伊林

你以为只是在童话里才有隐身人吗？那么你看看天空。云儿在那儿飘。谁带动它们的呢？是隐身人。当它经过田野的时候，黑麦便弯下腰来向它鞠躬。当它经过森林的时候，树木便向它点头。

今天在我们院子里，它把挂在绳子上的衣服带走，把孩子头上的帽子摘掉，在房间里，把桌子上的报纸扔到地板上。

它也不道声劳驾，也不敲门。它不从门口进来，却从窗口进来。

秋天，它叫干树叶打圈子旋转。夏天，它扬起路上的尘土，扔到人的眼睛里去。

当它在草原上，在森林上，在辽阔的海洋上旅行的时候，它有多少冒险的经历啊！

就是它把寒冷从北方带给我们，把炎热从南方带给我们，把雨水从海里带给我们，把尘土从沙漠里带给我们。

就是它吹起船帆，吹动风磨磨粮食。

现在你一定猜着这是谁了。

这是风。这是地面上流动的空气。

它是看不见的，但是，当五一节或者十月革命节，它在街上飘动着旗子的时候，我们会看得很清楚。

现在这个故事就来谈谈它的冒险经历。

在那遥远的北方，在冰封的王国里，曾经有一个隐身人——北方的气流。

它经常在冰封的田野上漫步，像用扫帚一样地把雪扫起来。

有时候，在这样扫除的当儿，它把雪扬起来，然后赶着这些雪花，在冰封的田野上前进。

在雪的王国里，它不玩雪还玩什么呢？

北方好冷啊！天空的太阳升得低低地，照的时间也不长。

隐身人在白天怎么也晒不暖和。

而夜间比白天更糟。很少有给它盖上云做的毛茸茸的被子的时候。夜间常常没有云，满天是星，到了早晨，隐身人通身冷透了。

可是这正好使它离开冰封的王国，动身去长途旅行——到南方去。

它走的是海路。

海洋里的水比北方的冰要温暖。

隐身人在温暖的水面上也变得暖和起来。

它在这儿也一路玩着。它把水扬成波浪。它跑得越快，浪头就扬得越高。

波浪一排排地走着。隐身人把波浪的顶峰打碎，把它们打成白沫。有时候隐身人碰到轮船，便玩它烟囱里冒出来的烟。

帆船上的水手们喜欢他们的助手。他们老早就等候着它了。但是隐身人工作得这样热心，水手们简直怕它把桅杆给折断了。

他们不得不爬上桅杆把帆落掉，免得它再抓着帆不肯放手。

但是这个过分热心的助手给自己找到了另外一件工作。它叫波浪来冲洗甲板,尽管水手们实在早已把它洗干净了。

有一次它差一点把一个呆在甲板上的旅客从船上给洗下来。还好，幸亏他当时抓着了栏杆。

隐身人越走越远，使大劲来摇荡大船和渔船。

它从冰封的王国出来，完全冻透了。可是在海洋上温暖起来，并且带足了水。

水从海洋上升，变成看不见的蒸气。蒸气凝聚成细小的雾点。隐身人就带着它一起跑。

雾低低地弥漫在水面上，遮住了太阳。

隐身人在海洋上空的一个地方碰到了飞机。

隐身人看到有什么可以玩的就高兴，便把它抛掷起来。白色的雾幕团团围住飞机。飞行员不高兴这样的招待，他决定离开雾——往上飞向太阳。

现在太阳光已经透进了飞机坐舱的玻璃。白得像酸牛奶皮一样的雾远远地给留在下面。

隐身人走得很快，但是它的旅途真不近，它好容易走到了岸边。

它用浓雾充满了沿海城市的街道。

在列宁格勒，电灯光很难穿过那弥漫的小水点。汽车司机不得不一股劲儿地鸣喇叭；如果有人看不见汽车，也让他听得见。而隐身人继续往前进——在田野上和森林上。

人们看不见它本身。但是人们看得见它那从海上带来的货物。

小水点聚集成大水点。浓密的乌云笼罩在地面上。

突然闪起闪电，响起雷声来。

在河里游泳的孩子们，听到那看不见的过路人的吼声，便赶快穿好衣服，好在下大雨以前跑回家去。

于是隐身人便把从海洋里带来的水落到我们的森林和田野里，并且继续向前——到南方去。

但是在南方有另外一个主人，也是隐身人——南方的气流。

两个隐身人，先前时常争吵，谁也不肯让谁的路。

这一次还是那样。两个巨人开始斗争起来。

当隐身巨人相持不下的时候，最好不要落到它们的手里。它们转着旋风，能够把森林里的树木连根拔起，把海里的船只倾覆，把空中的飞机毁掉。

但是人们并不大意，也尽量争取时间。他们预先就知道，什么时候会有暴风雨，便去做好准备。

隐身人走得很快，但是沿着电线，沿着无线电的电报跑得更快。这些电报说："水手们，当心！风暴来了！""渔民们，不要出发到海上去！风暴来了！""飞行员们，小心些！风暴来了！""农民们，把干草收集起来吧！风暴来了！"

这是谁在跟踪着隐身人呢？谁预先知道它们要往哪儿去它们要在什么地方开始战斗呢？

是气象学家们知道这个。

气象学家这个名字你大概很生疏。但是你应该把它记住。气象学家是我们大家的朋友。

在高山上和平原上，在海岛上和沙漠里，在北方气流的冰封王国里和它的敌人——南方气流——的领域里，我们到处都布着岗哨。到处都有我们的气象学家的工作站，他们在那儿白天夜晚地侦察着天气，侦察着隐身人的生活。

气象学家有许多助手。

一个助手是风向标。它高踞在柱子顶上。风往哪儿刮，它也往哪儿转。只消看看风向标，便会立刻知道风是从哪儿刮。

另外一个助手是温度计。它说出天气是冷还是热。

第三个助手是湿度计。它指出天气干燥还是潮湿。

第四个助手是雨量计。它测量雨下得多少。

第五个助手是气压计。这也是个聪明的仪器。如果它的针转到很右很右去，就会有一个晴朗的天气。如果它转到很左很左，应该防备下雨，防备风暴。

气象学家在各个工作站里用仪器进行侦察，并且把他们看到的东西用电报通知莫斯科。

莫斯科有一幢红砖的大楼房，上面有一个高塔。塔尖上是风向标和测量风速的仪器。

大楼房里是中央天气预报研究所。为了预报天气，中央天气预报研究所里的气象学家抄收从各个测候站拍来的电报，记在卡片上，哪儿正在下雨，哪儿天气晴朗无云，哪儿热，哪儿冷——一句话，把仪器测量到的一切都记下来。

拿今天的卡片跟昨天的卡片比较，气象学家就会看到，天气怎样在地面上走动，怎样在半路上变化。这时候它要预报天气已经不难了，他告诉人明天是什么天气。这是很重要的事情。

天气预报用电话、电报、无线电传播出去。

现在你打开无线电收音机，听到：

“莫斯科时间十九点十五分，现在广播天气预报。狄克孙岛上日间零下二十摄氏度，亚库梯零下十七摄氏度，莫斯科零上十摄氏度……明天莫斯科将是阴天，有大风……”

现在让我们再回来说一下隐身人的历史。

当两个巨人——北方气流和南方气流——遭遇到一起作战的时候，人们已经预测出来了。

农民们赶紧把干草收拾起来，免得淋湿。飞行员把飞机开到飞机库里。渔民延期到好天气的日子再出发到海上去。

而隐身人之间的斗争已经在拼命进行了。南方的气流开始爬到它的敌人肩膀上面去。高空出现了轻盈得像羽毛一般的卷云。

后来，白色的云幕伸展在整个天空。

云越来越昏暗起来。

这时候远远地出现了一堵灰色的云墙，它越走越近。它遮住了森林，跑遍了田野。

“笃！笃！笃！”先头来的雨点敲打着窗子，“放我们到屋子里去吧！”

别的雨点也在它们后面咚咚地敲打着——敲打着屋顶，敲打着树叶，敲打着花园里的坐椅。

雨一整天下个不停。

但是现在它开始息下来了，透过乌云露出了蔚蓝色的天空。天也热起来了。

这是南方气流打了胜仗了，它冲进敌人占领的区域很远一段路，然而它的胜利是不是能够持久呢？

北方的气流并不想投降，它从后方包抄过来。它夹着又重又冷的空气大军向它的敌人猛扑过去，把它的敌人抛上高空。空中立刻长起了一座云山，地面上风暴在飞奔，把树枝折断并且带走，把尘土刮得满天飞扬，把树叶吹得团团乱转。

在战斗中的两个巨人激起了猛烈的旋风。

幸亏人们预先知道这件事，而且也早已有了准备！

这场斗争的结束究竟是谁胜谁败呢？

胜利的是北方气流。它沿着地面越跑越远。路上它碰到了乌拉尔山，但是山脉挡不住它。它从南边迂回过去，沿着黑海，跑到沙漠里。

它一路上是怎样地千变万化啊！它本来是潮湿的海上气流，可是到了沙漠里，变成了干燥、炎热、多尘的气流。现在它跟战败了的敌人——南方的气流还有些什么分别啊！

隐身人就是这样游荡着，夹带着雨水和风暴，夹带着雪和寒气。

然而气象学家们，像岗哨似的密切注意着隐身人，及时地警告农民们什么时候要霜冻了，警告飞行员什么时候有大雾，警告铁路工作人员什么时候有阻滞列车的大雪。

（王学源/译）

金色的脚印

[日本]椋鸠十

院子里的雪冻得硬邦邦的，刮着寒冷的风。风透过窗户纸上的窟窿眼儿，咝咝作响。

夕阳淡淡地照在仓房的墙上。挂在墙上的干菜发出沙沙的响声。

在墙角，一只小动物长条条地卧在那里，调皮的麻雀从房顶上飞下来落在它头上。尽管这样，那动物仍旧把四条腿伸得直直的，一动也不动。

"啊，是死啦！到底……"

从正房走进仓房的正太郎不由得站住了。

那是两三天前家里的男佣人从山里捉回来的一只小狐狸。直到现在，不论给它什么东西，它都不吃。正太郎直冲冲地走到跟前，想摸一摸死了的狐狸。可是，被认为已经死了的狐狸腾地跳了起来，用尖利的牙齿咬了一下正太郎的手掌，拖响铁链，跳进了窝里。

在正太郎的小手掌上，被狐狸咬下牙印的地方渗出了血珠儿，一滴一滴地像红宝石那样美丽。

“嗨，淘气鬼！”

正太郎没怎么生气，只是一边用舌尖舔着血珠，一边探着头往窝里瞅。

小狐狸一逃进窝里，就闪动着蓝紫色的眼珠儿，嗷嗷、嗷嗷地，发出地地道道的野兽的吼声。

那时，太阳已经完全落山了。

“正太郎，来吃饭呀！”

妈妈在正房里吆喝着。可是正太郎仍然蹲着不动。

光秃秃的柞树林上边，露出了冷清清的月亮。小狐狸在窝里面孤零零地用十足的狐狸姿势坐着，而且仰起脖子嗥叫着：

嗷，咔嗷——

嗷，咔嗷——

那是一种清脆的、悲伤的声音。

正太郎吓了一跳，目不转睛地看着小狐狸。他想小狐狸也许是在叫唤：妈妈——，妈妈——。这小狐狸多可怜哪！

正太郎就像和人谈话似的向它说：

“喂，喂，不要叫唤啦！”

这时，他忽然觉得肩膀上火辣辣地刺痛。这是被狗一类的动物咬住了肩头。

“坏蛋！”

他想要赶走那东西，可那东西无论如何也不松口。而且，还有另外一只家伙呜呜地叫唤着，在正太郎周围转来转去。

是狐狸！是不常见的大狐狸。

“救命！救命！爸爸——”

正太郎拼命叫喊起来。爸爸、妈妈和男佣人都跑过来。狐狸一看见大人们的身影，立刻你东我西，跑得无影无踪了。

自从发生这件事以后，正太郎的爸爸决定把拴着的秋田狗在夜间放开。那只狗整夜整夜地围着正太郎的家转来转去。

半夜，正太郎突然醒来了。

秋田狗正“汪、汪、汪”地尖声吠叫着。他想起了狐狸的事。也许是上次来过的老狐狸又来了吧！爸爸、妈妈都睡得十分香甜。他悄悄地从被窝里爬出来，从屋门口偷偷看着仓房那边。

这是一个亮堂堂的月夜。

对啦，对啦，正是那只老狐狸！只见一只大狐狸，正满不在乎地冲着狂叫的狗，大摇大摆地走过来。它嘴里还叼着一只哆哆嗦嗦的鸡。

到了离狗只有六七米的地方，狐狸就停住了脚步。狗吠叫着往前冲了两三步。狐狸往后退了两三步。这样反复了两三回。于是，秋田狗猛地一下向老狐狸扑了过去，老狐狸迅速掉转身子逃跑了。秋田狗“汪、汪、汪”地吼着，向黑暗中跑去。不大工夫狗叫声就离远了。

这时，另一只老狐狸不知从什么地方悄悄地出现了。正太郎一愣，把眼睛瞪得大大的。小狐狸吭哧吭哧地哼着，用鼻子磨蹭着老狐狸的身子。

“来，跟我来……”

老狐狸像是这样说着，砰、砰地在雪地上跳了两三回。小狐狸很想跟着老狐狸走，但是刚迈出两三步就哗啦一下被铁链拽住了。它坐在地上，鼻子里哼哼着。

这样反复了两次，老狐狸才发现了铁链这种奇怪的东西。

它全神贯注地闻着铁链的气味。然后用尖利的牙齿咯吱咯吱地咬那铁链。

铁链被咬的地方只是闪出白光，却怎么也不能把它咬断。

费了好长时间，老狐狸发现咬不断铁链，于是，狐狸母子俩就把脸贴在一起小声叫唤着。

过了一会儿，老狐狸像是下了决心的样子，卧在雪地上。小狐狸仍旧被铁链拴着，吮吸着它妈妈的奶。

不知什么时候，刚才把狗引诱出去的狐狸爸爸也回来了。

它坐在离开狐狸母子俩不远的地方，脖子撑得直直的，正在为它们放哨呢！

“恐怕是狐狸爸爸把狗引诱出很远很远，把鸡扔下又逃回来的吧。那只笨狗肯定是找到了那只鸡，正在慢慢地大嚼一顿哪。多么聪明的狐狸呀！”

正太郎想着，十分佩服。

突然，狐狸爸爸“呜、呜、呜”地发出了警惕的吼声。是秋田狗回来了。狐狸妈妈只好从孩子身旁跳开。小狐狸吭哧吭哧地哼着鼻子。两只老狐狸回头看了一两次，不大一会儿，就消失在黑暗的柞树林里了。

正太郎没有把自己看到的狐狸的行动告诉任何人。他觉得自己一个人悄悄地监视狐狸父母的行动将是一种乐趣。

可是，狐狸只用了三次那样的方法来看望小狐狸，就忽然不来了。

“大概是觉得救不出用铁链拴着的小狐狸就死心了吧。不如早点给它解开铁链子呢。这样下去真可怜。”

正太郎这样想着，后悔得不得了。

但是，又出现了莫名其妙的事情。小狐狸虽然仍旧不吃一点喂给它的食物，却没有死，还在一天天长大。

发现了这个情况后，正太郎放心了。对啦，老狐狸实际上还是来看望小狐狸的，这是确定无疑的。

“它究竟是用什么方法来的呢？好啊，让我来揭开这个谜吧！”

在寒冷的半夜三更，正太郎接连起来两三回去察看；可是总也看不见老狐狸的影子。

这是一个星期天。

中午，积雪化成水滴，“扑通”、“扑通”，静静地从房顶上掉下来。正太郎漫不经心地走到小狐狸的窝旁，忽然喀嚓响了一声。“啊呀！”他特意跑去一看，除了小狐狸以外，什么也没有。可是，在湿漉漉的地面上，的的确确印着狐狸的脚印。“哈哈！原来如此，怪不得光在夜里察看还不行呢！不过，居然敢在青天白日里来，可真是个大胆的家伙啊！”

正太郎心中暗暗佩服。

在大门口那边，响起了秋田狗的叫声。这时，正太郎明白了狐狸要在白天来的缘故。

“怪不得呢，狗在白天是拴着的呀！老狐狸是怎么知道这点的呢？”

对于狐狸的聪明，他实在惊奇得很。

那么，那只狐狸究竟去了什么地方呢？刚听见一点响声就已经无影无踪……真奇怪！正太郎想到这儿，就在四处搜索起来。

忽然，当他探头看到正房的地板下面时，不禁猛地吓了一跳。闪着青光的四只眼睛直勾勾地盯着他。这是小狐狸的父母。它们瞪了正太郎一会儿，就悄悄地攀着从地板底下通向上面房间的砖块，往上爬到镶着地炉的地方，不见了影子。

老狐狸在地板下面做了窝。

与其说正太郎是被狐狸的大胆所感动，不如说他是被老狐狸深厚的亲情所感动了。

野兽由于想念孩子，竟然冒着危险在人家的地板底下做了窝。

正太郎发觉那两只老狐狸比起从前来毛色暗淡，瘦弱了很多，怪可怜的。老狐狸是由于惦记被铁链锁着的小狐狸和吃不到充足可口的食物而消瘦下去的。

和待在山上的时候不同，在这儿不容易找到食物，而且偶然找到些吃的也都给了小狐狸，至于它们自己，恐怕能得到的也不过是有时分着吃一只老鼠罢了。

正太郎被这老狐狸的亲情所感动，他真想替那小狐狸解开铁链子。但就在这时，老狐狸开始做一件不寻常的工作，使得他打消了放开小狐狸的念头。

那就是：老狐狸觉察到了靠自己的力量无论如何也咬不断那铁链，就开始咬那根拴铁链的圆木桩子。它们一有机会，就从地板下面爬出来，用尖利的牙齿咯吱咯吱地啃那木桩。正太郎想，让老狐狸们把那根木桩咬断，用它们自己的力量救出小狐狸，比自己替它们解开铁链更好一些。

代替解救行动的是，他决定给饿着肚子的老狐狸偷偷地投送食物。每逢家里做过油肉、炸豆腐什么时，正太郎一口也不吃全都留起来，扔进地板下面。还缠着妈妈给他订牛奶，自己却不喝，每天把一杯牛奶倒在地板下面那只破碗里。

这样过了一个月，老狐狸和正太郎就莫名其妙地熟悉起来了。正太郎一送去食物时，老狐狸们就立刻从地板下面的窝里一咕噜爬起来。小狐狸起初一见正太郎伸出手，不是想咬就是躲进窝里去，可是自从正太郎和老狐狸熟悉了以后，他再伸出手时，小狐狸就用那粗糙的粉红色的舌头柔和地舔着他的手。但是，老狐狸们虽说和正太郎厮混熟了，却并没有忘记救出小狐狸的事。它们每天啃着木桩，已经把木桩啃得很细了。

木桩用不了几天就能咬断了。当老狐狸啃断这东西，用自己的力量把小狐狸彻底救出来的时候，该怎样欢喜呢？正太郎一想到这些，泪水就不由得涌上眼眶。

正太郎正在独自睡觉。父母有什么事情要办，出门到亲戚家中去了。

家中再没有别人，正太郎正睡着，"咯吱"，门轻轻响了一声，那两只狐狸从稍稍拉开的门缝里进来了。狐狸们试着舔正太郎的手，而且像在亲人跟前那样，轻松自在地在屋里慢慢腾腾地踱来踱去。

快到半夜时，父母回来了。正太郎的妈妈无意中往屋里一探头："哎呀——"她不由得失声大叫。而且脸色吓得苍白。"怎么啦？"爸爸吃惊地问。妈妈连话也说不出来，只是指着稍稍开着的门口说：

“那儿，那儿！”

“那儿，开了一点门缝怎么了？”

“逃跑啦！”

“哈哈，你说些什么呀，简直让人听不明白。快安静点，那样子多难看！”

妈妈被爸爸责备了几句，情绪多少稳定了一些，说：

“两只大狐狸从这屋里跑出去了。你忘啦，上次，咬了正太郎的，那野狐狸……”

“上次，咬人的狐狸？”

“嗳，确实，就是它。我，一进门，一只正在屋里慢腾腾地走来走去，另一只坐在正太郎旁边，正直勾勾地盯着正太郎的脖子呢！”

“真的吗？”

爸爸的脸刷地一下变白了。

“是想要咬正太郎的。”

妈妈哆哆嗦嗦地端详着正太郎熟睡着的脸。

“可不要对正太郎说起这件事呀！怕吓坏他。”

“啊，那狐狸往后还不知道要干出什么事啊！快把小狐狸给放了吧！”

“真糊涂！老鹰还能叫野兽吓唬住吗？哪能这样认输！对于那些敢和人作对的家伙，一定要给它几分颜色看看。”

父母并不知道正太郎和狐狸之间的关系，为这件事十分担心。

第二天，正太郎的爸爸借来专门捕狐狸的猎狗，在附近一带山里转圈寻找。可是，一点线索也没有。

傍晚回到家里，正太郎的爸爸正歇着喝茶，捕狐狸的狗“汪、汪、汪”地狂叫起来。出去一看，狗正冲着地板下面一个劲地狂叫。

“什么呀！这家伙虽然找不到狐狸，倒能立刻发现黄鼠狼什么的呢！”

正太郎的爸爸说着就笑了。可是，正探着头往地板下面望的男佣人放低嗓门说：

“老爷，有个东西在里头，眼睛亮闪闪的，真吓人哪！”

“什么？”

正太郎的爸爸操起猎枪，跳到院子里。

“有，有。好家伙，多么可怕的东西！竟敢跑到这儿来做窝，是钻了我们的空子。好吧，这回可不能让你活着出来啦！”

他这样自言自语着，又唆使狗把狐狸一步一步地赶出来。自己用手指扣着枪的扳机，全神贯注地瞄准。

正在这时，正太郎放学回家了。他一眼就看出发生了什么事，把书包往那儿一扔，就跑到爸爸身旁。

“不行，爸爸，不能开枪！”

正太郎喊着，一下子扑到了正要发射的枪身上。

“啊，危险！”

爸爸大吃一惊，手里的枪掉了下来。就在这时，呼地一声巨响，子弹发射出去了。

“啊——呀！”

大家都惊呆了。幸亏谁也没有受伤。

老狐狸不知在什么时候逃跑了。

第二天，正太郎心想今天可得把小狐狸放掉啦，放学一回家就跑进仓房去。

“呀！呀！”

他往窝里探头一望，吃了一惊。

小狐狸不在里面：连个影儿也没有了。正太郎急忙跑回正房，提心吊胆地瞅着妈妈问道：

“妈妈，不是把小狐狸给宰了吧？”“不是，刚好有个人想要养只狐狸，今天早上就让他带走了。”

“谁呀？”

“就是那个牧场的安田先生。”

“什么呀！”

正太郎无精打采地说。然后又垂头丧气地回到窝那边。他满脸哀伤地把头伸进空荡荡的窝里，那里面只剩下拴小狐狸的那根木桩了。

啊，那根木桩！那根木桩由于狐狸父母的艰苦努力，要不了几天就能咬断，已经变得细细的了。正太郎摸一摸那根木桩，心中忽然浮起了一个念头。

“对，必须把小狐狸还给那老狐狸。我去求求安田先生，把它给放了吧！”

正太郎精神抖擞地站了起来。

他朝着山顶那边的安田牧场跑去。太阳快要落山了，不过，他想如果快步前进的话，在天黑以前还可以赶到那里。但是，等他来到山顶时，天色已经完全黑了下来。

他急忙赶路。一不小心踩到了悬崖边缘的积雪上。积雪大块大块地崩塌下去，咚咚地掉进山谷里。正太郎也和雪一块儿头朝下栽了下去。

就这样，他失去了知觉。

过了很长很长时间，他觉得脸蛋上有个热乎乎的东西，就悄悄睁开了眼睛。只见一只大狐狸正在不停地来回舔着他的脸蛋和嘴唇，另一只狐狸蹲在他的胸脯上面，专心致志地温暖着他。

正太郎醒过来，身子一动弹，两只狐狸同时跳开，可是又轻手轻脚地凑了过来。而且这回是两只一齐爬到他的身上，那样子好像是温暖正太郎，不让他冻僵似的。

正太郎觉得眼眶里一阵热乎乎的。恐怕狐狸们是因为上次在危险时被救、平时又接受了食物什么的，想要报恩的吧。

过了一会儿，天亮了。

正太郎恢复了精神，回到忧心忡忡的父母身旁。他向父母把过去和这次的事情详细地一说，父母也十分感动。

第二天早上，正太郎从牧场把小狐狸要了回来，和爸爸两人去到那山谷里把小狐狸放了。小狐狸一被解开铁链，立刻叫了起来：

咳，咔吭——

咳，咔吭——

一面叫唤，一面跑开了。刚出去十来米远，老狐狸不知从什么地方刷地跑了过来。它们踢散了春雪，兴高采烈地在小狐狸周围跳来跳去。然后一齐噔噔噔地朝树林深处跑去了。

这时，迎着耀眼的朝阳，狐狸们的脚印闪着金色的光芒，一直延伸到密林深处。

（刘永珍/译）

狼王洛波

[加拿大]西顿

一

喀伦坡是新墨西哥北部的一个大牧区。那儿有丰茂的牧场，繁盛的牛羊，还有起伏不平的山地，和可贵可爱的流水，这些流水最后汇入喀伦坡河，整个牧区的名字就是从这条河得来的。可是在这儿称王称霸，威力笼罩着整个牧区的，却是一只老灰狼。

老洛波，也就是墨西哥人管它叫狼王的，是一群出色的灰狼的大首脑。这个狼群在喀伦坡溪谷里为非作歹，已经好多年了。牧人们和牧场工人们对它都挺熟悉，同时，不管它带着它那忠实的狼群在哪儿出现，牛羊就要吓得掉魂落魄，牛羊的主人也只有气愤和绝望的份儿。在狼群中间，老洛波不光是又高又大，它的狡诈和强壮，也不是别的狼所比得上的。它在夜晚的叫声也非常有名，是它的声音，还是它伙伴的声音，人们一听就明白。一只普通的狼，哪怕在牧人的营地周围叫上半夜，最多只能引起一点小小的注意，可是，当老狼王深沉的嗥叫声打山谷里传下来的时候，看守人就要提心吊胆，坐立不安，只好等到天亮再到牲口那儿去，看看遭到了怎样严重的新祸害。

老洛波只带领一小群狼。这一点我始终不大明白，因为，通常一只狼如果有了像它这样的地位和权力，总会招引上一大群随从的。这也许因为它只想要这么些，不然，就是它那残暴的脾气妨碍了它的狼群的扩大。在它当权的后期，它的确只有五个随从。不过，这些狼每只都是赫赫有名的，身材大多数也比一般的狼大些，特别是那只副首领，可真是个大家伙，但是，就连它这么大的，在身材和勇敢方面，还跟狼王差得远呢。这个狼群里除了两只领头的以外，还有几只特别出色的。里头有一只美丽的白狼，墨西哥人管它叫布兰珈，大家都猜它是只母狼，说不定和洛波就是一对儿。另外还有一只动作特别伶俐的黄狼，按照流行的传述说，它曾经好几次为这群狼抓到过羚羊。

我们待会儿就会知道，牧人们对这些狼真是熟悉透了。人们常常看见它们，也常常听到它们，它们的生活，跟牧人们的生活有着密切的联系，但是，牧人们却巴不得宰了它们才痛快。在喀伦坡，没有一个牧人会不愿意拿出一笔相当于好多头牛的代价，来换取洛波狼群里随便哪一只狼的脑袋的。可是这些狼好像都有刀枪不入的诀窍似的，根本不把大家用来捕杀它们的一切办法放在眼里。它们看不起所有的猎人，嘲笑所有的毒药，至少有五年，它们接连不断地从喀伦坡牧人们那儿抢去的牲口，据很多人的说法，已经达到了每天一头牛的程度。照这个估计算起来，这群狼已经弄死了两千多头最肥最大的牛羊，因为，大家都知道得挺清楚，它们每次总是拣顶好的牲口下手的。

那种认为狼总是饿得饥不择食的旧想法，对这一群狼说来，是完全不适用了。这群海盗似的冒险家，经常都是温饱无忧的，吃起东西来，总要嫌好嫌坏，挑剔得真厉害。随便哪种动物，只要是因为自然原因死掉的，有病的，腐烂了的，它们都不会碰它一碰，就连牧人宰杀的东西，它们也决不沾染。它们挑选的日常吃食，是刚刚弄死的一周岁的小母牛，而且只吃最嫩的那部分。老公牛和老母牛，它们是瞧不上眼的，虽然它们偶尔也逮只把牛犊子或小马儿，但一看就知道，小牛肉和马肉全不是它们喜欢吃的。大家还知道，这群狼对羊肉也不欢迎，虽然它们常常把弄死羊的事当作玩儿。1893 年 11 月的一个夜里，布兰珈和那只黄狼就弄死了两百五十只羊，但是一口羊肉也没吃，明摆着是为了有趣好玩才这么干的。

上面所说的不过是几个例子，要说明这群恶狼的危害行为，我还有好多故事可以讲呢。为了要消灭这群狼，人们每年都试用了许多新的办法，但是，它们对人们的努力根本不在乎，还是照样过下去，越来越发胖。人们出了一笔很高的赏格，悬赏洛波的脑袋，于是，有人用了二十种不同的巧妙方式，设放毒药来捉它，可是全被它发觉了，全被它避开了。它只怕一样东西，那就是枪，它还非常清楚，这一带的人，个个都带枪，所以它从来不袭击一个人，也从来不暴露在人的面前。一点不假，这群狼的固定策略是：在白天，只要发现有人，不管距离多远，拔腿就溜。同时，洛波只允许狼群吃它们自己弄死的东西，它的这条惯例，也解救了它们无数次的危险，还有它那敏锐的分辨人手和毒药气味的嗅觉，更彻底地保证了这群狼的安全。

有一次，一个牧人听见老洛波给狼群打气的熟悉的嗥叫声，就偷偷地走过去，他发现这群狼在一块凹地上围攻一小群牛。洛波坐在一旁的山坡上，布兰珈和其余的狼，正在拼命地向它们看中了的一头小母牛进攻；但是那些牛紧紧地挨在一起，牛头朝外，用一排牛角对着敌人，要不是有几头牛，被这群狼的又一次冲击吓怕了，想退到牛群中间去，这个牛角防御阵是无法突破的。狼群也只有钻这些空子，才把选中的那头小母牛弄伤了，可是，那头小母牛还是顽强地一劲儿抵抗着。到末了，洛波似乎对它的部下失掉了耐心，它奔下山坡，深沉地嗥叫了一声，就向牛群猛扑过去。牛角阵看见它一到，吓得大家散了伙，于是它纵身一跳，就跳到了牛群当中。这么一来，牛群就跟一颗爆裂的炸弹似的，没命地四下乱窜。那头小母牛也逃开了，可是还没跑出二十五码路呢，就叫洛波给扑住了。它抓住小母牛的脖子，使足力气突地往后一拉，把它重重地掼在地上。这次打击一定大极了，那头小母牛被掼得四脚朝天。洛波自个儿也翻了个跟斗，但它马上就站了起来，它的部下扑到这头可怜的小母牛身上，几秒钟工夫就把它弄死了。洛波没参加弄死小母牛的工作——它把这头遭殃的小牛掼倒以后，好像在说："瞧，干吗你们就没有一个能够马上把这事办到，而不浪费这么多的时间呢？"

这时，那个牧人骑着马赶来，大声喊叫，这群狼便像平时一样跑掉了。牧人有一瓶番木鳖碱，他赶忙在死牛身上下了三处毒，然后也走开了，他知道这群狼要回来吃牛肉的，因为这是它们自己亲手弄死的东西。可是第二天早晨，当他回到那儿去，想看看那些中了毒的狼群时，他发现这些狼虽然吃过牛肉，可是把所有下过毒的地方，都非常小心地撕割下来，扔在一边了。

在牧人中间，怕这只大狼的人，一年比一年多了，悬赏它的脑袋的赏格，也一年比一年高了，直到最后，竟提高到一千美金，这真是一笔空前未有的捕狼赏金，就是悬赏捉人，有好多还不到这个数目哩。有一天，一个名叫坦纳瑞的得克萨斯牧人，对这笔赏金动了心，骑着马奔到喀伦坡的溪谷里来了。他有一套专门的捕狼装备——最好的枪、最快的马，还有一群大狼狗。他曾经带着这群大狼狗，在西弗吉尼亚辽阔的平原上捕杀过许多狼，现在他满心相信，要不了几天，老洛波的脑袋，就会挂在自己马鞍子的前穹上了。

这是夏天的一个早晨，他们在灰蒙蒙的曙光里，雄赳赳气昂昂地出发打狼去了。上路没多久，那群大狼狗就用快乐的吠声报告说，他们已经找到狼群的踪迹了。又走了不到两里路，喀伦坡的灰狼群就跳进了眼帘，于是，这场追猎也变得更紧张，更激烈了。狼狗的任务，只是死盯住狼群，好让猎人赶上来打死它们。这么做，在得克萨斯旷野上，一般是很容易的；可是在这儿，一种新的地形发挥了作用，也说明洛波挑选的又是多么好的地方；喀伦坡重岩多石的溪谷和它的许多支流，把大草原割得到处四分五裂。现在，老狼王马上向最挨近的那条支流跑去，渡了河，就把骑马的人摆脱了。这时候，它的狼群分散开来，追猎的狼狗也跟着分散开来，可是当它们跑了一段路，又重新集合起来的时候，那些狼狗当然是来不及一下子到齐的。这么一来，这些狼就不再在数量上占劣势了。它们掉过头来，扑向后面的追猎者，不是把它们弄死，就是把它们咬成重伤，没有一只不遭殃的。当天晚上，坦纳瑞一检查，发现他的狗只回来了六只，当中还有两只被扯得浑身稀烂。后来，这个猎人又作了两次努力，想搞到狼王的脑袋。可是，这两回都不比头一次强。同时，在最后一次捕猎中，他的那匹最得力的马也摔死了；因此他气呼呼地放弃了这次打猎，回到得克萨斯去了，听任老洛波留在当地，越来越专横，越来越猖狂。

第二年，又有两个打猎的来到这儿，下定决心要拿到这笔赏格。他们俩都相信自己能把这只赫赫有名的狼消灭掉。第一个人用的是一种新发明的毒药，设放的办法，也跟以前完全不一样；另一个是法国籍加拿大人，用的不光是毒药，而且还要画上一些符，念上一些咒语来帮忙，因为他坚决认为：洛波是一只道地的“老狼精”，决不是用普通的办法可以消灭的。但是，对这只灰色的老贼狼来说，这些配制巧妙的毒药呀、画符呀、念咒呀，全都不顶事儿。它还是和以前一样，照常游游荡荡，吃吃喝喝，不到几个星期，乔·卡隆和拉洛谢都绝望地放弃了原来的计划，上别处打猎去了。

1893年春天，乔·卡隆在捕捉洛波失败之后，又碰上了一桩丢脸的事，这件事似乎说明了，这只大狼的确瞧不起它的敌手，还对自己有着绝对的自信。乔·卡隆的庄园，坐落在喀伦坡河的一条小支流旁边，在一个风景幽美的溪谷里。那时节，就在这个溪谷的岩石堆里，在离开乔·卡隆家不到一千码的地方，老洛波两口子选择了它们的巢窟，在那儿成起家来。它们在那儿住了整整一夏天，弄死了乔

· 卡隆的牛、羊和狗，一面却安安全全地呆在凸凹不平的岩壁深处，嘲笑他设放的那些毒药和捕狼机。乔 · 卡隆呢，他枉费心机，想些办法用烟火把它们熏出来，或者是用炸药去炸它们。可是，它们都一无损伤地逃开了，并且还是和以前一样，继续干它们抢劫破坏的勾当。“去年整整一夏天，它就住在那儿，”乔 · 卡隆指着那块岩壁说，“我对它一点没办法。在它面前，我真像个大傻瓜。”

二

以上这段打牧人们那儿收集来的故事，直到 1893 年，我自个儿认识了这个狡猾的强盗，渐渐地对它有了比别人更深刻的了解以后，才相信传说的都是真话。几年以前，我当过猎狼人，可是后来换了另一种职业，就把我给拴在写字台上了。我真想换换环境，所以当一个也是在喀伦坡做牧场老板的朋友要我去新墨西哥，叫我试试能不能对这帮强盗干点什么的时候，我就接受了他的邀请，同时，因为急着要想认识认识这位强盗头儿，我尽快地赶到了这个区的山地里。我花了些时间，骑着马四处去了解了一下周围的环境，给我带路的向导，常常要指着一堆还粘有皮肉的牛骨头说：“这也是它干的。”

我现在很明白，在这个崎岖不平的地区里，想用狗和马来追捕洛波是没有用的，因此，有效的办法就只有用毒药和捕狼机了。目前我们还没有够大的捕狼机，于是我就用毒药干了起来。

关于用来捕捉这条“老狼精”的成百种的办法，我用不着详细讲了：像番木鳖碱、砒霜、氰化物或是氢氰酸的化合物，没有一种我没试过。凡是能用来当诱饵的肉类，我全用过。但是，当我一个早晨又一个早晨地骑着马去查看事情的结果时，总是发现我所花的心血全部落了空。对我来说，这条老狼王太狡猾了。只要举一个例子，就可以看出它那使人叫绝的机灵。有一次，我学习一个老猎人的经验，把一些奶酪跟一只刚宰掉的小母牛的肥腰子拌在一起，放在一只瓷盘里炖烂了，再用骨头做的刀子把它切开，免得沾上金属的气味。等这盘奶酪拌牛腰凉了以后，我把它切成块块儿，每一块的一面，挖上一个洞，再塞进一大撮番木鳖碱和氰化物，这些毒药原来是放在绝不通气的胶管里的；最后，我又用奶酪块把洞封起来。工作的时候，我始终戴着一副在小母牛血里浸过的手套，连气儿都不朝这盘子食饵喘。等一切都弄好以后，我把它们装在一只抹满牛血的生皮口袋里，又在一根绳子的头上，拴上牛肝和牛腰，骑着马一路拖着走。我像这样绕了一个十公里的圈儿，每走四分之一公里，就扔一块肉饵，扔的时候，我总是万分小心，绝不让手去碰它一碰。

一般地讲，洛波总在每个星期的头几天到这个地区来，其余的几天，大概是在茜拉 · 格朗迪山麓附近度过的。这天是星期一，就在当天晚上，我们正要睡觉的时候，我听见了狼王的低沉的嗥叫声。一听到这种声音，就有一个伙伴简单地说了句：“它来啦，等着瞧吧。”

第二天早晨我去了，真想瞧瞧结果怎么样。不久我就发现了这帮强盗的新脚印，洛波的在最前头——要看出它的脚印总是挺容易的。普通的狼，前脚只有四英寸半长，大的也不过四又四分之三英寸。可是洛波的呢，据量了好多次的结果，从前爪到后跟，竟有五英寸半长，后来我发现，它的其他部分也很大，它身高三英尺，重达一百五十磅。所以它的脚印，虽然被别的狼踩模糊了，还是并不难认。这群狼很快就发现了我拖牛肝牛腰的路线，并且照例地跟下来了。我看得出，洛波到第一块食饵这儿来过，还嗅过一阵子，末了还是把它带走了。

这时候，我高兴得实在憋不住了。“我到底逮住它啦，”我喊着说，“在一哩路以内，我能找到它的尸首啦。”接着，我快马加鞭往前飞奔，一面满怀希望地紧盯着尘土上又大又宽的脚印。我多么高兴呵——这下可真的逮住它了，还可能逮住几只别的狼哩。但是，宽大的脚印还是在路线上出现；我站在马镫子上，把前面的平原仔细地搜索了一下，可是连一样像死狼的东西也没看见。我又跟着往前走——

发现第三块食饵也不见了——我跟着狼王的脚印，走到第四块食饵那儿的时候，才知道它实际上根本一块也没吃过，只是衔在嘴巴里带着。到时候，它把前三块食饵往第四块上一叠，还在上面撒了些脏东西，表示它对我的计策是透顶的瞧不起。这么做了以后，它离开了我拖牛肝牛腰的路线，领着被它牢牢保护住的狼群，干自己的勾当去了。

这只是我许多类似经验中的一个例子，这些经验告诉我，用毒药是怎么也消灭不了这个强盗的，可是在等待捕狼机运来的时候，我还是继续在用，这也不过是因为，对消灭许多草原上的狼和别的有害动物来说，毒药还是一种挺可靠的东西。

约莫就在这个时候，在我的观察下发生了一件事情，更说明了洛波的老奸巨猾。这些狼至少有一桩事儿，是专为寻寻开心才干的，它们很难得吃羊，可还是要去吓唬它们，弄死它们。羊在平时总是一千头到三千头合成一群，由一个或几个牧人来看管。到了夜里，它们就集中在最能隐蔽的地方，羊群的每一边都睡上一个牧人，加紧防守。羊是一种这样没有头脑的动物，一点小小的骚扰，也准能把它们吓得东逃西散，但是它们天生就有一种跟随首领的本性，这种本性也许就是它们唯一的大弱点。牧人们也就巧妙地利用了这个弱点，在羊群里放了六只山羊。羊群看出它们生胡子的表亲比自己来得聪明，所以在夜里遇到警报的时候，就紧紧地围着这些山羊。有很多次，它们都是因为这样才没有被吓散，才容易受到牧人的保护。但是，这种情况并不是一直能维持下去的。去年 11 月末尾的一个晚上，有两个彼里柯的牧人被狼群的袭击惊醒了。他们的羊群挤在山羊的周围，山羊呢，既不呆傻，也不胆怯，它们沉着地站在那儿，显出一副勇敢无畏的样子。但是天哪，这回带头进犯的可不是一只普通的狼啊。山羊是羊群的精神力量，这一点狼王老洛波知道得和牧人一样清楚。它飞快地从密集在一堆的羊背上跑过去，扑在那些领头的山羊身上，几分钟工夫，就把它们全都弄死了，于是这些不幸的羊群，马上也就四面八方地到处乱窜了。以后几个星期，差不多每天都有几个焦急不安的牧人跑来问我："近来你见到过失散了的'OTO 羊'吗？"我往往只好说看见过的。有一次是这么说的："见了，在钻石泉那儿见到过五六只死羊。"另一次大概是这么回答的："我见过一小群羊在玛尔丕山上乱跑。"不然我就说："没见过，两天以前，琼·梅拉在赛德拉·蒙特见过二十只刚刚被杀死的羊。"

最后，捕狼机运到了，为了把它们安装好，我和另外两个人一起，整整地干了一个星期的活儿。我们不辞劳苦地工作着，凡是我想得到的，能帮助捉到狼的办法，我都采用了。捕狼机布置好的第二天，我骑着马出去侦察，走了没多久，想不到竟会看见洛波在每一架捕狼机边走过的脚印。从尘土上，我看得出它那天晚上的全部活动经过。它在漆黑的夜里跑来，尽管捕狼机隐藏得那么严密，第一架还是立刻被它发觉了。它马上叫狼群停止前进，小心翼翼地把捕狼机四周的土扒开，直到捕狼机、链条和木桩全部暴露出来，可是弹簧还照样儿绷得紧紧的，这才离开原地继续前进，用同样的办法收拾了十二架捕狼机。不一会儿，我又发现，它一发觉什么可疑的形迹，有什么新的布置来坑它，它马上就停住步子，走到一边。我把捕狼机布置成H形。办法是，在路的两边放上两排捕狼机，在路中间，像“H”当中的一横那样，再放上一架。可是没过多久，我发现这个计划又失败了。洛波顺着这条路来了，而且在发觉当中的那架捕狼机以前，就已经陷进两排平行的捕狼机中间了。但是，它及时地停住了脚步。它怎么会或是怎么样知道这么做的，我可说不上来，我看准是有什么野兽大仙附在它身上了。这时候，它一寸不歪地、缓慢小心地，沿着自己走过的步子退了回来，每一步都是一分不差地踏在原来的脚印上，直到离开了这个危险地区为止。接着它回到一边，用后脚直爬土疙瘩和石头块儿，把捕狼机弄得全关上了。后来它在别的场合，也这样干过不少次，虽然我改换了办法，加倍小心，但总是瞒不过它。它的聪明机灵，好像绝不会出岔子似的。要不是后来它那只倒霉的母狼害了它，使它这样一个无敌的英雄，因为亲信伙伴的轻率大意而断送了性命，说不定直到现在，还在干着它那强抢硬夺的勾当哩。

三

有一两次，我发现了一些形迹，使我觉得喀伦坡狼群里有些事情不大对头。我想，这儿有些现象不正常呀。譬如说，从狼的脚印上可以看得清清楚楚，有只较小的狼常常跑在狼王前头，这一点我搞不懂，直到后来，有个牧人说了这么一个情况，才把事情弄明白了。

“今天我见着它们啦，”他说，“离开狼群乱跑的那只狼是布兰珈。”噢，我脑子里亮堂了，我说：“我看哪，布兰珈是只母狼，因为，要是一只公的这么做，洛波马上就要干掉它啦。”

这个发现提供了一条新的计策。我宰了一只小母牛，把一两架捕狼机，比较明显地安放在死牛旁边。然后，割下牛头，把它当做根本不会被狼注意的没用的废料，放在离死牛不远的地方，牛头旁边，又放上六架扎实的、彻底消除过气味的钢质捕狼机，再非常小心地把它们隐蔽起来。布置的时候，手上、皮靴上和工具上都抹了新鲜的牛血，过后还在地上洒了些，做得好像是从牛头里淌出来的那样；捕狼机埋在土里以后，我又用山狗皮把这块地方扫刷了一遍，再用山狗脚在捕狼机上打了一些脚印子。牛头放在一堆乱丛棵子旁边，中间留着一条窄过道，在这条过道上，我又埋伏了两架最好的捕狼机，把它们跟牛头拴在一起。

狼有个习惯，只要一闻到有什么死动物的味儿，为了看个究竟，就是不想吃，也要走近去瞅瞅的。我就是指望这种习惯，能使喀伦坡狼群来中我的新圈套。我并不怀疑，洛波会发现我在牛肉上所使的手法，不让狼群去接近它，可我对牛头却寄托了一些希望，因为它看来活像是被当作废物扔在一边的。

第二天早晨，我赶去看那些捕狼机，嗬，我真高兴呵！全是狼群的脚印子，原来放牛头和捕狼机的地方，现在什么也没有啦。我赶忙把脚印研究了一下，发现洛波虽然不让狼群走近牛肉，可是，一只小狼，清清楚楚地是跑去看过放在一边的牛头的，并且不偏不歪地踏进一架捕狼机。

我们跟着脚印子往前追，不到一哩路，就发现这只不幸的狼原来是布兰珈。它还在一劲儿地朝前奔，虽然有个五十多磅重的牛脑袋拖累着，还是很快就把我们这一伙步行的人拉得老远。但它跑到山边时，就被我们赶上了，因为牛角给挂住了，紧紧地把它拖住了。我所见过的狼当中，它是最美丽的。浑身油光雪亮，差不多成了白的颜色，漂亮极了。

它转过身来搏斗，提高着嗓子发出一声震撼山谷的长嗥，想召唤它的伙伴。远远的山地上，传来了洛波的一声深沉的回答。这是布兰珈最后一次嗥叫，因为这时候，我们已经逼近它的身边，它也鼓足了全部气力，准备搏斗了。

接着，不可避免的悲剧就发生了，后来我想起这件事，比当时还要感到害怕。我们每个人都朝这只注定要遭殃的狼的脖子上，扔上了一根套索，再用马往相反的方向使劲拉，直到它嘴里喷出了血，眼睛发了呆，四条腿也僵硬了，没有力地一下子倒在地上才住手。然后，我们带着死狼，骑马走回家去，为能够使喀伦坡狼群遭到了第一次致命打击感到高兴。

在悲剧发生的当时，以及在后来我们骑马回去的时候，我们时常听见洛波的嗥叫声，这时它正在远处的山地上徘徊着，似乎是在寻找布兰珈。说实在的，它从来没有遗弃过布兰珈，可是，它一向怕枪怕得厉害，所以当我们走到的时候，它就知道斗不过我们，而且知道已经没法搭救布兰珈了。这一天，我们一直听见它在四处寻找，在那儿哀声嗥叫，最后我对一个牧人说："这回我可真的明白啦，它跟布兰珈的确是一对儿。"

黄昏时候，它好像在朝山谷里走回来，因为它的叫声越来越近了。很明显，它的声音里充满着悲伤的音调。它不再是响亮的、毫无顾忌的嗥叫，而是一种冗长的、痛苦的哀号了，它好像在喊：“布兰珈！布兰珈！”当黑夜降临的时候，我听见它就在我们追上布兰珈的地方的附近。最后，它好像发现了痕迹，当它走到我们弄死布兰珈的地方时，它那伤心的哀叫声，听起来真叫人可怜。那股子难过劲儿，我简直没法形容出来。连那些心肠挺硬的牧人听了，也说：“从来没听见一只狼像这样叫过。”它好像已经把事情的经过全部弄明白了，因为在母狼死去的地方，沾染着不少的鲜血。

后来，它跟随着马蹄印子，走到牧场的屋子跟前，它上那儿去是想找布兰珈呢，还是想报仇，我可不知道。但事情的结果，却是它报了仇。它惊动了在屋子外面的我们那条不幸的看门狗，就在离开屋门不到五十码的地方，把它给撕成了碎块儿。这一回它显然是独个儿来的，因为第二天早上我只发现一只狼的脚印子，它跑的时候对路上一点也不注意，这在它是非常难得的事。我对这一点也估计到了一些，所以在牧场周围又加设了一批捕狼机。后来我发现，它的确也踏中过一架，可是它力气太大，挣脱了出来，又把捕狼机扔在一边了。

这时候我想，它还要在附近这一带继续找下去，最低限度也要把布兰珈的尸首找到了才会罢休。于是，我就把所有的精力，全部集中在这件事情上，想在它离开这个地区以前，趁它还在伤心得什么也不顾的时候，把它逮住。

这时我才认识到，弄死布兰珈是个多大的错误，因为我要是能用母狼来做诱饵的话，第二天晚上我就可能逮住它了。

我把所有能够使用的捕狼机都集中起来，一共有一百三十架扎实的钢质捕狼机，再把它们分成四组，安置在每一条通往山谷的路线上，每一架捕狼机都分别拴在一根木桩子上，再把木桩子一根根分别埋好。埋的时候，我小心地搬开草皮，把挖起来的泥土一点不漏地全部放在毯子里，所以在重新铺好草皮，把一切都弄妥了的时候，就看不出一丝人手动过的痕迹。等捕狼机隐蔽好以后，我又拖着可怜的布兰珈的尸体，上各处去走了一遍，还在牧场周围绕了一圈，最后我又割下它的一只爪子，在经过每一架捕狼机的路线上，打上了一溜脚印子。做的时候，凡是我知道的预防办法和计策，我全用上了，一直搞到很晚才睡下来等待结果。

有一次，我在夜里好像听见了洛波的声音，但不能肯定是不是它。第二天我骑马出去，可是还没兜完山谷北部的路线呢，天已经黑下来了，我什么也没发现。吃晚饭的时候，有个牧人说："今天早晨，山谷北面的牛群闹得很凶，恐怕那边的捕狼机逮住什么了。"直到第二天下午，我才跑到牧人所说的那个地方去，我走近那儿的时候，看见一只大大的、灰溜溜的东西从地上挣扎起来，妄想要逃走。我一看，在我面前站着的正是喀伦坡狼王洛波，叫捕狼机给扎扎实实地咬住啦。

这可怜的老英雄，它无时无刻不在寻找自己的亲人，一发现它的尸体留下的痕迹时，就不顾一切地跟来了，于是就钻进了为它布置好的圈套，它躺在那儿，被四架捕狼机紧紧地夹着，弄得一点办法也没有。在它四周，有好多好多脚印子，说明牛群是怎样围集在它旁边，侮辱它这个遭了殃的专制暴君，但又不敢跑到它还可以抓得着的地方去。它在这儿躺了两天两夜，现在已经挣扎得精疲力尽了。可是，当我走近它的时候，它还爬起身来，耸着毛，扯开嗓子，最后一次使山谷震荡起它那深沉的嗥叫声，这是一种求救的呼声，是召集它的狼群的信号。但是，一个接应它的也没有，让它孤零零的、处在走投无路的情况下。它用尽全力扭动着身子，拼命想来扑我。这可都是白费劲儿，每一架捕狼机都是三百磅以上的死累赘，它在四架残酷的捕狼机的控制下，每一只脚都被大钢齿咬住了。那些大木桩子和链条，又全缠绕在一起，搞得它毫无办法。它那象牙色的大牙齿，是怎样磨啃无情的铁链的，当我鼓起勇气用枪托子去碰它，它在枪托子上面留下的牙齿印，直到今天都还保留在那儿。在它枉费气力，想抓我和我那匹吓得发抖的马的时候，它的眼睛里闪着绿幽幽的光，充满了憎恨和愤怒，爪子在地上爬出了一道很深的沟。但是，饥饿、挣扎和不断的淌血，耗尽了它的气力，不久它就精疲力尽地倒在地上了。

在它手里受过罪、遭过殃的可真不少啊，但当我准备下手给它报应的时候，却产生了一种好像受到良心责备似的感觉。

“好一个老恶棍，上千次非法勾当的主角儿，不消几分钟，你就不过是一大堆臭尸首啦。别的结果是不会有的啦。”我一说完，就挥起套索，嘘地一声朝它的脑袋扔了过去。但事情可没那么顺当，要它服帖呀，还差得远哩。它不等套索落在脖子上，就截住了它，使劲这么一咬，又粗又硬的绳索，给咬成了两段，掉在它的脚跟前。

当然，万不得已时我最后一着还可以用枪，但是我不想损坏它那张宝贵的毛皮，于是，我骑马奔回宿营地，找来一个牧人和一根新套索。我们先把一根木棍朝这只遭殃的狼扔去，让它咬住，然后，在它没来得及吐掉的时候，我们的套索已经嗖地飞了过去，紧紧地套在它的脖子上了。

这时候，它凶猛的眼睛还在发亮，我赶忙喊：“等等，咱们别忙弄死它，把它活捉到牧场去。”现在它一点气力也没有了，所以我们很容易地往它嘴里通了一根粗棍子，塞在它的牙齿后边，然后用粗绳绑住它的爪子，再把绳子系在木棍上。木棍拉牢了绳子，绳子又拉牢了木棍，这么一来，它就没法伤人了。它感到自己的爪子被绑起来以后，也不再反抗了，它一声不响，只是沉静地瞅着我们，好像在说："得啦，你们到底把我给逮住啦，爱把我怎么办就怎么办吧。"打那时候起，它也不再理睬我们了。

我们牢牢地绑住它的脚，但是它并不哼哼，也不叫唤，连脑袋也不转动一下。接着，我们两个人一齐用力，刚刚能够把它抬到马背上。它这时的呼吸很均匀，好像在睡大觉似的，眼睛又变得明亮清澈了，可是并没有朝我们瞧。它紧紧地盯着远处一大片起伏不平的山地，那是它过去的王国，它那赫赫有名的狼群，现在已经东离西散了。它一直这样盯着，后来马下了坡，走进了山谷，岩石把它的视线给切断了。

我们一路都走得挺慢，安全地到达了牧场，我们给它戴好项圈，套上一根粗链子以后，把它拴在牧场的一根桩子上，然后再把绳子解掉。这时候，我算头一回能够仔仔细细地瞧瞧它了，同时也证实了：一般人对这位当代英雄或暴君所谈的那些传说，是多么不可靠的事。它的脖子上没有什么金圈儿，肩头上也没有什么表示它和魔王结盟的反十字。不过，我在它腰部的一边，发现一块大伤疤，据传说，这是坦纳瑞的猎狼狗领班裘诺的牙齿印——是裘诺被它弄死在山谷沙地上之前的那一会儿，给它留下的伤痕。

我把肉和水放在它旁边，可是它睬也不睬。它平平静静地趴在那儿，用它那对意志坚定的、黄澄澄的眼睛，通过我背后的山谷入口，凝视着远方空旷的原野——这是它的原野啊——我碰它的时候，它一动也不动。太阳落山的时候，它还在死盯着那片草原。我以为到夜里它会把它的狼群叫来，所以为它们作好了准备，可是它在走投无路的时候只叫过一次，但一只狼也没有来；它就再也不叫唤了。

据说，一头狮子被弄得没了气力，一只老鹰被剥夺了自由，或是一只鸽子被抢走了伴侣，都会因为心碎而死去：谁又能说，这个残酷的强盗能够经得起这样三重的打击，一点不伤心呢？这一点，只有我才知道，第二天天亮的时候，它还是极其平静地躺在老地方，不过，它已经失掉了活力——老狼王死啦。

我把它脖子上的链条取了下来，一个牧人帮着我，把它抬到了放置布兰珈尸体的小屋里，当我们把它放在母狼的旁边时，那个牧人大声说："来吧，你要找它，现在你们可又团圆啦。"

（黎金　林希/译）

海豹冒险记

[法国]黎达

从前，有一族海豹快乐地生活着。他们中有年纪大的，有年纪小的。有些是才生下十五天的海豹娃娃，全身是鬈曲的白毛，只晓得吮奶和吃雪。有些是肥胖的老海豹，下巴有三层，生着胡须，老是想睡觉。有些是海豹妈妈，她们照管着自己的小娃娃。在那些年纪大的海豹里，还有海豹爸爸、海豹伯伯、海豹叔叔、海豹婶婶、海豹爷爷、海豹奶奶、海豹曾祖父、海豹曾祖母。在那些年轻的海豹里，有些不过是两岁、三岁或四岁的海豹小伙子和海豹姑娘，他们身上披着灰蓝色的皮毛，好像海神和人鱼那般漂亮。

这一族海豹是属于格陵兰的北海豹族，是北冰洋里最著名的一族。他们的祖先曾经统治过七个海和两个大洋。

海豹到了成年，背部生出一条一条黑毛。那些未成年的小海豹和年纪大的老海豹看见了这种记号，都要对他们表示又羡慕又尊敬。

这一族中的领袖名叫戴格。他在全族中年纪最大，毛最粗，身体最胖，并且最聪明。逢到危险的时候，总是由他发出沙嗄的叫声，警告全族。在平时，他常常替族中的海豹排解纠纷，指示年轻的妈妈们怎样照顾孩子。每逢大群出动的时候，他总是游在前面领导。

戴格年纪虽然大，可是很高兴加入小海豹的游戏队伍。小海豹们像闪电般快地追来追去，捕鱼，泼水，大声叫喊。

在许多子孙中，戴格最欢喜曾孙司格夫，他是一只谁都比不上的又伶俐、又谨慎、又勇敢的小海豹。

司格夫捕鱼的时候，从来不会错失他的猎物。他还能够巧妙地避去鲨鱼的大嘴。每逢同伴遇到危险，他总是毫不犹豫地投身过去救援。

他生得那么美，身上的皮毛在干燥的时候显出灰色的斑点，腹下有一块地方是白色，形状像新月。在潮湿的时候，他身上的毛比他堂兄弟的显得更加蓝。他的眼睛比北极的夜色更美。

司格夫有四个最要好的同伴，就是：冒险家斯伦、捕鱼家贝思卡、气象家卡辣和天文家奈葛里。在他们一群里，除了司格夫，要推斯伦生得最小最伶俐，斯伦常常引导堂兄弟和堂姊妹们去做急游游戏。他对于潮流的知识比任何海豹来得丰富，他简直像人一样聪明。贝思卡的特长是善于探寻出鳕鱼群和鲱鱼群集中的地方。他潜入水底，像陨

石由天空坠下一样快。他在水里吃鱼，好像玩着掷球玩具。卡辣顶欢喜在大雾里、狂风里、浪涛里和碎冰里玩耍。他会预言天气，报告将要来到的暴风。在这北极的漫漫的长夜里，停止了游泳，仰望着繁星绕着北极星慢慢移动的是谁呀？一夜不睡，等着看那黎明时颤动的光幕的是谁呀？对于东南西北的方向知道得顶清楚的是谁呀？就是那小奈葛里，天文家奈葛里啊！

这族海豹生活在一座大冰山旁边，不可思议的北极的冰世界里。地理学家把那里叫做"北冰洋"，但在海豹语言里它叫做"好海"。

在这一带地方，情形完全和别的地方不同。一年里暖热的季节只有三个月：从6月开始到8月底止。其余都是寒冷的月份。假使在司格夫等住的地方放一只摄氏寒暑表，在最冷的时候，表上会降到零下五十度！这样冷，只有海豹受得住。

在夏天，太阳整天在天空里，永远不落下去。在半夜里，太阳降到地平线上，又红又大……它将落下去吧？可是并不，它重新升起来，再在天空打转。整整三个月都是这样，一直没有黑夜。

9月初，北极地方的太阳好像感到疲倦了，开始落下去，最初只落下去一小时，后来逐渐放长，变为两小时、三小时……再往后，它早晨起来得愈来愈迟了。在11月，它要在上午十一点钟才起身，下午两点钟就睡觉了。再后来，它更加懒了、索性睡着不起来了。一直有三个月是整天的黑夜，月亮回绕在天空，不下去休息。

不过，在那漫漫的长夜里，有时太阳会从地平线下突然投射出闪电似的光来，在天空里出现一条条、一圈圈或一幅幅的美丽的光彩，这就是北极光。

到了暖季的初期，白雪开始融化。大冰山的边缘也渐渐地裂开，渐渐地变薄。罩在小岛屿上的冰山脱下许多大冰块，涌到北冰洋里去，海洋也醒来了，摇去了封锁它的冰，带着汹涌的浪涛、吓人的冲击声音和怪形怪状的冰山，朝南流去。

冬天过去了一大半，北极的长夜快要完了。太阳重新怯怯地出现在天空。在雪粉的褥子底下，躺着像台面般平滑的冰块，一望无际地伸展到很远的地方。在一个大岛旁边，有许多蓝色的小海湾和粉红色的小岬。一队队大大小小的鳕鱼在那里挤来挤去。

在这个时期，戴格和他所领导的海豹们，都舒舒服服地过着捕鱼生活，转瞬间，他们都吃得胖胖的了。

这是年轻海豹们最高兴的季节，他们在积雪上和水里快乐地嬉戏着。

司格夫领导他的同伴们做着各种游戏，其中要算“鲱鱼球”最受欢迎。贝思卡用头一顶，把一条鲱鱼抛到空中，他的同伴就跃起来抢夺，谁能抢到吃掉那条鲱鱼就算胜利。“跳海豹”也是他们爱玩的游戏。先由一只海豹在水面上游，另外一只追过去，从他身上跳过。这时候，第二只在前面逃走，第一只就追上去，照样跳过他的身体。“捉鱼比赛”也是很流行的游戏，斯伦、卡辣、奈葛里或者别的海豹先朝水深处看定一条游鱼，然后他们一齐跳下水去追捕；这是一种潜水竞赛。看定的鱼往往被司格夫捉到，总是他得胜的。

贝思卡还有一种“抢鸟食”的特技。他常常注视着在波涛上盘旋的海燕。当其中的一只折拢银色的翅膀，去突击一条可怜的鳕鱼时，贝思卡比打雷还快，把鸟捉住，把鱼吃掉。

一般海豹能够潜水二十分钟；可是司格夫却打破了这个纪录，他能够超过四十多秒之久。他在潜水时，鼻孔紧闭，直到他的漂亮的面孔浮出水面时，才张大鼻孔，深深地吸一口气。随即他又潜下水去，连人家想看一看他的胡须和美丽的眼睛都来不及。

司格夫和他的同伴往往在冰块底下潜游。他们换气时，就砰砰砰，用头击着冰块；沙沙沙，用前爪在冰下挖洞；他们就是这样弄穿冰块的。冰块上有了洞，那些小海豹，那些一岁的海豹娃娃在冰块底下游，就不会淹死了。

那些年轻的海豹是很活动的，他们不肯固定在一个地方。有时他们睁开眼睛，闭着鼻孔，在水浅地方的绿色海藻丛里捕捉海虾；有时他们在暗礁的隙缝里拉出海胆来吃；有时他们潜游到海下面的沙土上，去捕捉贝类和海盘车吃。他们常常成群结队到远处去，无非是到水世界里去寻找奇异的景物。每逢他们从远途旅行回来，这支快乐的队伍，往往在亮晶晶的冰块之间，掀起了极大的骚动，欢声震天。

唉！想不到倒霉的事情来了。在4月中的一天，不知从哪儿来了几条鲨鱼，屠杀着海豹。戴格的十二个侄孙就丧身在它们凶猛的嘴里。还有五只海豹被旗鱼的利剑状的上颚刺死。有一次，由斯伦带领的一支探险队，误入了海象的埋伏地方，在战斗中有九只同伴被这些无情的恶魔击死了；余下的海豹垂头丧气地逃了回来。

司格夫、斯伦、卡辣等只有一个念头：为他们的堂兄弟和堂姊妹们报仇。海豹妈妈们主张离开这一带可怕的海洋。年老的戴格不知道应该怎样，因为天气突然冷起来了。在几天前，这个海岬还是自由的：现在又结冰了，一直冻结到岛边。海豹们明白又要被禁锢在广大的冰块底下了。于是他们把那通气洞里的积雪扫干净，并且把洞扩大了一点儿，在水平面以上的地方，在横里挖去一点冰，构成一个避难所。如果海边有什么大动物来袭击，他们可以跳到里头去躲避。

有一天，冰上出现了几只白熊，在洞的周围徘徊了一会儿，就踏着广大的冰原，去长途旅行了。

海豹们曾在冰面上设了一个守望所，各人轮流值班。有时，他们也爬到冰面上来，总是非常谨慎，一听见守望者的警告，立即躲藏到下面去。

有一天，司格夫、奈葛里和几个同伴到上面去吸一口新鲜空气，司格夫望见大冰原的远处有一个黑点，逐渐扩大过来。不久，他看见十二只狗拖着一辆雪橇跑来，一个人坐在前头，另外一个人站在后面。

司格夫马上警告同伴，海豹们都吓得钻进洞去。只剩司格夫仍旧留在上面，藏在一堆雪后张望。

十二只狗停止了脚步，雪橇上的两个人走了下来。他们的面孔很大，眼睛小，皮肤淡黄色。他们穿着厚厚的兽皮，一看身上的装束，就知道是来猎海豹的爱斯基摩人。他们解下了一只狗，让狗在冰上跑，用鼻子嗅着雪。

忽然，那只狗在一个冰洞旁边站定不动了。那两个爱斯基摩人马上赶过来，站在那里一动不动地守候了好久好久。最后那个个子较大的爱斯基摩人举起渔叉，瞄准洞里用力一掷。他们两个人随即拉着渔叉上的绳子，把一只大海豹拖到冰面上来了。那只海豹被渔叉刺伤，鲜血淋淋，他哀叫着，挣扎着。那个个子较小的爱斯基摩人就拔出尖刀，朝海豹的颈窝里一刺，结果了他的性命。

然后，他们开始切割，先剥下海豹的皮，把它卷起来，好像卷一张毯子。他们再把海豹的肉和脂肪切成四份，装进肩头上两只大袋。剩下些零碎的肉，留给贪吃的海燕。于是，他们重新登上雪橇，一路上唱着他们的山歌。

他们替换唱着，歌声很别致：

我冻得要死，我饿得要死，
海豹呀，你是我们的友人，
你的血呀，救了我的性命。
如果没有你，我们早已在雪里葬身。
你的肉呀，可以做我们孩子的点心。
你的油呀，给我们温暖，供我们点灯。
我们的衣服，我们的手套和皮靴，每一样
都是用你的皮来制成。
你的皮还可以包我那轻便的小艇。
海豹呀，你真是我们的友人。

向冰块底下发出警告的司格夫，亲眼看见他们杀死自己的同伴，害怕得颤抖不止。这一天，猎人杀死了一只海豹。以后的几个星期里，浓雾笼罩着冰原，使猎海豹的人无法活动，海豹们过了好几天舒服日子。

在这个时期里，他们这一族海豹里，差不多同时出生了三十六只海豹娃娃。海豹妈妈们把避难所扩大一点，使小娃娃们也能居住在里面。

夜渐渐短起来，太阳渐渐和暖起来，雪融化了，和风吹起来了，冰块也碎裂了，海洋也醒了，潮流冲着一块块的大冰块，发出震耳的响声。广大的冰原碎成许多大冰块，沿着海岸漂流，好像大木筏。

从这时候起，上了年纪的海豹爷爷和海豹奶奶们安心地晒着太阳。不久，海豹娃娃就断了乳。他们的鬈曲的白色软毛换上了漂亮的灰毛。海豹娃娃们生下来二十五天之后，已开始游泳了。

可是，难关又临到这一族的头上，海豹们所欢喜的鳕鱼，已经离开了这一带的海洋，海燕也飞开了。

年长的海豹伯伯、叔叔、姑姑、婶婶们一天天瘦下去了，年轻的海豹堂兄弟和堂姊妹们常常吵闹着，小海豹们喊着肚子饿。他们只好离开那些木筏似的浮冰，结成队伍，去寻找鱼踪。他们游了两天，在第三天早晨，充当前哨的贝思卡。突然向同伴们打了一个信号，表示前面有一大群鲑鱼。

真是一支浩浩荡荡的大军，十万条鲑鱼排着整齐的队伍前进着：大鱼在前，中鱼在中间，小鱼在后面。海豹们马上追上去攻击这支大军的后卫。袭击了好几次，每一次攻击过后，鲑鱼们整顿着散乱的队伍，继续前进。

海豹们紧紧地追赶着，到了第三天，他们来到一个小海湾；那是一条大河的入海处。那支鲑鱼的队伍奋勇地向大河游去，海豹们仍旧在后面追着。在大河两岸，是一层层不太陡的岩壁，上面聚集着许多红脚的海鸠。

鲑鱼们逆流而上，河身渐渐狭隘，他们的前锋游到一座高耸的石壁前，大河从石壁上冲下，成了一道瀑布似的急流。鲑鱼是不怕这种阻碍的，他们把身体弯成弓形，尾巴触着水面，好像弹簧似的，作着惊人的跳跃，一排排地跳过这个障碍。他们跳过去后，重新整顿了一下队伍，预备去克服新的困难。

海豹们跳壁的本领不及鲑鱼，只好眼巴巴地放弃那群鲑鱼。小海豹们已经游得很疲倦，戴格领他们到一个小湾里，躺在沙滩上休息。

海豹伯伯、海豹叔叔和海豹姑姑、海豹婶婶们已经吃饱鲑鱼，他们中有些和年老的海豹一起安静地休息，有些和年轻的海豹去捕捉贝类动物。唉！有些海豹想爬到旁边的石壁上去，偷吃海鸠的蛋呐。他们如果能在第一级上停下就好啦，因为那里到底离开海面还近，遇到危险，还来得及跳进水去。可是不，馋欲驱使他们一直向上爬去，愈爬愈远，他们一直爬到了石壁顶上！

不幸的事情就这样地遭遇到了。六个白种人，手里拿着短棍子，突然出现在石壁顶上。真可怕啊！他们见了海豹，就凶狠狠地向他们没头没脑地乱打。许多海豹顿时给他们打死了。其余的海豹一边呼号着，一边拼命逃走，狼狈地滚下石壁。

在这场混乱的败退中，老戴格看见一个白种人奔到海边，叫唤着，做着手势。他还望见在小海湾北面，停着一只轮船，半个船身露出在岩石外面，半个船身被岩石遮没。三根桅杆矗立在笨重的船身上，一面蓝底子黄十字的瑞典国旗在船尾飘扬，许多人在甲板上走动，高声回答着岸上的人，戴格指挥全群海豹朝南方游去，当他的队伍脱离了危险地带以后，他在冰块上面召开了一个全族会议。他说：

"'好海'不再像我年轻时那样安静了。唉！白熊和鲨鱼不会怜惜我们，人们也不会放松我们。我们又该搬家了！"

戴格透了一口气，继续说："好多年前，我曾经听见奶奶讲过，她和一条鲸鱼是好朋友。有一次，她听见那条鲸鱼对她说：每年解冻后，海洋里有一支向西流去的潮流，那里，它把许多浮冰冲到西方去。如果沿着这潮流一直过去，可以发现七座岛屿，第七座岛屿所在的地方就是'暴风圈'，那里非常危险，白熊都不敢经过这地带……"

卡辣抢着说："风曾经告诉我，只有最勇敢的海豹能够穿越'暴风圈'……"

奈葛里也喃喃地说："我从星象里观察出：在'暴风圈'附近有一个平安而美丽的岛……"

斯伦说："我对于潮流的知识比任何人都丰富，我可以领你们顺着潮流游去……"

“亲爱的儿女们，你们都很聪明；你们有了天文、地理、气象、潮流等知识，知道了那里的秘密，”戴格说，“但愿那些知识能够永远保护你们……在那和平的岸边，我们还可以幸福地生活下去，可是，它离开这里到底太远了，一路上还有许多暗礁呢！我觉得自己太老，在长征时，不能再当你们的领导了……我以为推举司格夫做领导最合适，凡是愿意前去的，都得服从他的领导，跟他去吧！”

静默了片刻，年轻的海豹们一齐发出欢呼，都愿意参加长征，年老的海豹们对于改换环境，有点犹豫不决。海豹妈妈们为了她们的小娃娃，对于这次旅行也有点不放心。最后，司格夫说：

“如果小娃娃们的父母愿意带着小孩子跟我们一道去，我们长征队里的小伙子们可以在前面当先锋队，我们可以打开一条出路，排除种种危险。我们不怕暴风，我们可以保护你们，一同到幸福的岛上去。”

经过司格夫的鼓励，大家都愿意出发了。

这一年的整个夏天，他们就作着长途旅行。

奈葛里观察着整天在空中的太阳，指示全群海豹进行的方向。卡辣随时辨别着风向。斯伦测量着流水的速度。

有一天，他们看见前面有一个岛，岛上罩着一座大冰山。这时，正是开始解冻的时期，那座亮晶晶的大冰山朝着海里推过来。突然，发生一声震天的巨响。原来阳光把冰山的面融化了，一块冰掉落到海里去，顿时把海水激起许多水柱和掀天的大浪。这还是奇景的开场呢。那些冰山不停地一座跟着一座分裂，在海里大声地互相冲撞着，打转着。

海豹们一直在一座一座百米高的冰山之间，游泳了半个月。过了这一带地方，他们跟随着那股冲着浮冰的潮流，朝着北方游去；因为那支潮流改了方向，也朝着北方流去了。至于那些冰山呢，被别支潮流带到南方去了。在航线里密布着许多流动的礁。

这群漂泊的海豹在这次英勇的冒险中碰到了许多危险，曾经战胜了一只白熊。这真是一次永远不会忘记的战绩！

有一天，奈葛里在一块浮冰边上进行太阳浴，一只躲藏在冰块后面的白熊忽然跳过来，伸出巨大的脚向奈葛里一击，奈葛里就受了伤，跌到水里去。白熊也钻到水里。在附近的司格夫看见了就大声呼救，其余的海豹都闻声赶来了，把敌人包围住，于是一场激烈的战斗就开始了。

白熊只能在冰上、陆上称大王，在水里海豹就比他厉害。这只凶猛的白熊几次三番想爬到冰块上去，他尝试了二十次，都被海豹们拉到水里。他向四周探索，没有办法制服海豹。他有点气疯了，气喘着，号叫着。他在水里游泳，用尽了最后的气力，直到游不动为止。于是，全群海豹一拥而上，咬他的周身，狠狠地拖住他的毛，把他活活淹死。

弄死白熊以后，海豹们继续航行。可是奈葛里受了重伤，不能游泳了。他们就分头坐在冰块上，把冰块划动，直到奈葛里的伤痊愈为止，他们再顺着潮流游去。一路上，有许多次，他们抬头望着倒映在空中的幻景。还有许多次，他们看见终夜不落的太阳，把灰白色的海水和冰块照得金碧辉煌。他们遇见过许多奇异的动物，他们和平地穿过喧噪的小海豚群和美丽的野鸭群。他们还碰到两条身上生有斑点的独角鱼，他们用自己的长角互相残杀着。

不久，海豹们游泳到第一座大岛，他们就上去游玩，那岛上生满软软的青苔和红色的地衣。几只驯鹿和麝牛在低矮的柳树和瘦瘦的枫树间吃草。海豹们离开了这第一座岛，继续前进，到了第二座岛。那里有狐狸和狼往来各处。岛边的土地很潮湿，蚊虫很多，使海豹们不敢久留。跟着，他们又到过第三座岛和第四座岛。第四座岛上有许多旅鼠，凡是他们经过的地方，一切可吃的东西都被吃得精光。海豹们不愿意在那里停留。后来他们又游到第五座岛旁，那里生长着许多矮小的红醋栗，开着黄花。第六座岛上什么东西都不生长，并且非常寒冷。在它的荒凉的岸边，堆着破木板和漂流过来的残物。

夏天过去了。在冷汛开始时，海豹们游到了第七座岛旁。那是一个小岛，上面住着海鸥，他们是能够预知暴风的鸟。海豹们加强勇气，坚定信心，迎接着即将到来的大风暴。

海豹们离开了这最后的一座岛。在第三天，司格夫和贝思卡望见远处有一条大鲸鱼，不时出现在一块大冰块前。她呼吸一下，然后从鼻孔里喷射出两条水柱来。

这时，海豹们就停止前进，现出害怕的样子，原来他们望见了一条大船，张着几副篷，顺风行驶着，在追赶这条大鲸鱼。于是，司格夫照顾着小海豹们，戴格照顾着老海豹们，慢慢向前游去。天空突然阴暗起来。从大船上放下一条小船，五个白种人跳下小船，拼命划着，去追大鲸鱼。到了逼近大鲸鱼的地方，他们掷出一把锐利的大鱼叉直向大鲸鱼身上飞去。大鲸鱼受到了袭击，掉转身体，一个大翻身，尾巴用力一击，打中了小船，把小船打得粉碎，同时五个白种人被扫到了海里去。

这时，刮风了，风愈刮愈大，把大船吹到许多冰块里去，扯破了船上的篷，吹断了大大小小的绳索，吹断了桅杆。海浪滔天，许多冰山互相碰撞，好像在剧战。在这大骚动里，天空昏暗，巨大的冰块随着浪涛，一会儿像水晶的墙壁矗立在海中，一会儿坍倒下去，发出打雷似的大响声。

狂风不住地呼号，非常生气的样子，它把两大块碎冰直向那只大船投去，第一击船身被撞破，第二击船倾侧，不等到第三击，大船已被乱冰捣毁，沉下海去。狂风把船尾上的一面蓝地黄十字的旗子，吹到惊叫着的海豹群中。

卡辣喊道："暴风！暴风！"

司格夫发出命令："向前游，跟我们游！"

于是，老老少少的海豹们在狂怒的冰块底下潜游着。

到了傍晚，风小了，海豹们可以在碎冰之间舒舒服服地呼吸一口气，不致遭到死亡的危险了。

正要下坠的太阳照在凌乱的碎冰块上，发出五颜六色的光彩，好像一座坍倒了的宝石宫的废墟。海豹们已经旅行得很疲倦，就躺在木筏似的冰块上睡觉。那冰块载着他们慢慢地漂去。

海豹们一觉醒来，只见太阳隐在云朵里，旁边有两个由日晕而起的美妙的光轮。在他们的前面有一个平静的大湖，在大湖中央有一座灿烂的小岛。

司格夫和他的堂兄弟、堂姊妹们望见于这个地方，立刻发出一阵欢呼；那些生着胡须的老海豹们也快乐地呼号着；海豹妈妈们一边欢喜得流出眼泪，一边把海豹娃娃们推到水里去。于是整队海豹向小岛游去。他们到了岛边，在它四周绕游一圈，一边游着，一边发出震耳的欢呼。

美丽极了！岛的四周都是低低的沙矶和岩石。岩石上躲着许多鸟。整个岛好像是一件挂着绿流苏的白袍子。山峰上的积雪好像一顶晶莹的冠冕。岛上的居民都是文雅无害的动物，他们都穿着白色的制服：猫头鹰在高处鸣叫，鹧鸪和野兔躲在白色的灌木里，一切都是白色。象牙色身体、黑色脚的海鸥和红嘴的海燕，一同在水面上飞翔。一队队小企鹅和大头的善知鸟立在悬崖上，好像一个个瓶子。

湖边的岩石上布满了蓝色的壳菜和好玩的贝壳。湖里到处划着一条条的痕路，这是成群结队的鱼在游动。

这真是幸福岛……

海豹们又在那里玩着"鲱鱼球"游戏，这是贝思卡顶高兴玩的；司格夫发明了几种新游戏，大家都跟着他玩；奈葛里称称心心地观察着星象。他们过得很快活！

（严大椿/译）

超中子星

[美国]阿西莫夫

那是在吹牛家名誉学会的第十七次会议上，我们集体生活中出现了一次最大的恐慌。结果，海斯被选为终身会长。

这个学会并不大。在海斯被选为会长之前，我们只有四个人：塞巴斯蒂安、默弗利、利文和我自己。在每个月的第一个星期日，我们举行一次午餐会。在这种每月一次的活动中，通立比吹牛能力——输的人付午餐费——来证明我们这个学会的确名副其实。

那是一种十分复杂的过程，带有严格的议会法规。在每次大会上轮到某个会员的时候，他就讲一个故事，但有两个附加条件。他讲的故事必须是一个大胆、复杂而又富于幻想的谎言，但另一方面，它听起来要像真事一样。其他会员可以——而且确实是这样做的——对这个故事的任何一点或每一点提出异议，他可以提出问题或要求讲故事

的人作出说明。

那个讲故事的人如果不能立即回答所有的问题，或者在回答问题的过程中自相矛盾，那么，聚餐费就要由他出。钱财上的损失算不了什么，可这就太丢人了。

就这样，第十七次会议来到了，海斯也参加了这次会议。每斯曾经是偶尔列席会议来听午餐后会员吹牛的几个非会员，他自己付午餐费，当然也被禁止参加打赌。但在这次会议上，除了正式会员外，他是出席会议的唯一的一个非会员。

午餐结束了，我被选为会议主席（按照常规，这次也该轮到我当主席），宣读过会议记录后，海斯向前探过身去，从容地："先生们，我今天倒想有机会参加打赌。"

我皱着眉头说："在本学会看来，你是不存在的，海斯先生。因此，你不能参加打赌。"

"那么就让我只说一句话吧，"他答辩说，"太阳系在今天下午两点十七分半钟就要完蛋啦。"

全场顿时骚动起来。我看了看电视机上面的电钟。时间是下午一点十四分。

我犹豫地说："如果你有任何根据足以证实你讲的那句话，那一定极其有趣。今天轮到利文先生讲故事，但是，如果他放弃这个机会，而且本学会的其余会员也同意的话——"

利文微笑着点点头，其他会员也都点头表示同意。

于是我敲着小木槌宣布：“现在海斯先生发言。”

海斯点了一支雪茄，沉思地凝视着那缕缕青烟。“先生们，我只有一小时多一点的时间，但我还是要从头说起——那是在大约十五年前。那时（尽管我在那以后就辞职了），我是耶基斯天文台的天文物理学家，年轻，但充满了希望。我那时热衷寻找天文物理学的一个长期未解决的难题——宇宙射线源的答案，胸中充满着抱负。”

他停顿了一会儿，然后以一种异常的语调继续说：“你们，很奇怪的是，尽管我们使用了过去两个世纪科学进展所取得的一切成果，但我们仍然既没有发现那种神秘的宇宙射线源，也没有发现恒星爆炸的同样神秘的原因。这二者是两个长期悬而未决的难题，我们今天对它们的了解，就像在爱因斯坦、埃丁顿和米利肯那个时代对它们的了解那样少。

“不过，我当时认为，我已经抓住了宇宙射线的尾巴，所以我开始通过观测来检验我的想法。为此，我必须到宇宙空间去。然而，并不是一切都那么容易。那是2129年，大家知道，那恰好在上次战争刚刚结束之后，天文台几乎是一片废墟，我们大家不都是处在这样的局面吗？

“我尽最大的力量去做。我租了一艘旧的2007型的宇宙飞船，把仪器装进去，一个人出发了。此外，我没有出港证，不得不偷偷地离港，以免受到占领军的麻烦的检查。不通过检查是不合法的，但我要去搜集资料——所以我以直角向黄道出发，近似地朝着南天极的方向飞去，离开太阳系大约有十亿英里。

“我所作的航行和我收集到的资料都不太重要。我没有作过任何报道。构成这个故事的，是我所发现的那颗行星。”

海斯讲到这里，默弗里扬了扬他的浓眉，咕哝着说：“主席先生，我想警告这位先生。还没有一个会员听到关于这颗假行星的一个字呢。”

海斯冷笑道：“我将抓紧时机——我继续讲吧。那是在我旅行的第十八天，我第一次检测到这个行星，那时它只是一个豌豆大小的橙色小圆盘。当然，在那个空间区域有一颗行星，那是太有意思了。我便朝它直奔过去，并且立即发现，我甚至没有办法对这颗行星的各种古怪的表现作最肤浅的解释。能到那里去就是件不简单的事了——但是它似乎根本就没有重力场。”

利文的酒杯掉到地板上跌碎了。“主席先生，”他气吁吁地说，“我要求立即取消这位先生的资格。任何一个质量的存在，都不能不使它邻近的空间发生畸变，因而就必定要产生重力场。他的发言是不能成立的，因此应该取消他的资格。”他的脸因生气而涨得通红。

但是海斯举起手说道:“我要求给我时间，主席先生。我要在适当的时候才能做出说明。如果现在就做出说明，只能把事情弄得更复杂。请问，我可以继续讲下去吗?”

我考虑了一下说:“鉴于你所讲的故事的性质，我愿意从宽考虑，允许你推迟做出说明，但你得记住，这个说明是少不了的。没有这个说明，你就会受到损失。”

“好吧,”海斯说道，“你们暂时得先接受我的陈述:这个行星根本就没有重力。那是肯定的，因为我的飞船配备有全套天文仪器。尽管我的仪器非常灵敏，但这些仪器记录到的效应是零。

“此外，这个行星也不受其他物质的重力的影响。我要再强调一次，它根本不受到影响。当时我没能把这一点确定下来，但其后若干年的观测结果表明，这个行星一直在沿着直线轨道运动，而且是以恒速运动。由于它完全处在太阳的作用范围之内，因此，它的轨道既不是椭圆，也不是双曲线这个事实，以及尽管它在接近太阳，但却不是作加速运动这一点，便都肯定地表明，它并不受太阳重力的影响。”

“等一等，海斯。”塞巴斯蒂安一直皱着眉头，这时他露出他嘴里镶的金牙开了腔。“那么，是什么力量在维持着这个奇特的行星呢?既然没有重力，它为什么不会四分五裂?”

"原因之一就是直线运动的惯性。"海斯立即回答，"再说，也没有任何东西在把它扯开。要是同另一个大小相近的天体发生碰撞，那倒是可能使它破裂的——除非这种行星存在着某种独特的结合力。"

他松了一口气，然后接着说："那还并不是这种行星的全部特性。它那橙红色和它那很低的反射能力（或者说反照率），使我得到另一个线索，于是我作出了那个惊人的发现：这个行星对于整个电磁波谱，从无线电波到宇宙射线，是完全透明的。只是在可见光红色部分和黄色部分的区域中，它才是相当不透明的。因此，它才带有橙红色。"

"为什么会是这样？"默弗里问道。

海斯看着我，说道："这是一个不合理的问题，主席先生。我认为，这等于要求我说明为什么玻璃对于紫外区以上或以下的辐射都完全透明，因而热、光和X射线可通过它，而它对于紫外线本身却仍然是不透明的。这种情况是物质本身的一种特性，我们必须就这样把它接受下来，无需解释。"

我重重地敲了敲我的小木槌说："这个问题是提得不适当！"

"我不同意，"默弗里声明说，"海斯并没有讲到点子上。没有任何东西是完全透明的。具有足够厚度的玻璃甚至可以阻挡住宇宙射线。你的意思是不是说，蓝光或者热可以通过整个行星？”

“为什么不可以？”海斯回答说，“在你的经验中不存在完全透明性，不等于说它就根本不存在。这种效应肯定是没有一个科学定律能说明的。但是，除了光谱的一个很小的区域以外，这个行星是完全透明的——这是一个肯定的观测事实。”

我的小木槌又一次敲响了：“对这个问题的说明已足够了。海斯，继续讲吧。”

他的雪茄烟熄灭了，他停下来把它重新点着，然后接着讲：“在其他方面，这个行星是正常的。它没有土星那样大，也它的直径正好在土星和海王星之间。后来的实验表明，它有质量的，尽管很难搞清楚它的质量是多大，但肯定要比地球的质量大一倍多。由于它有质量，所以它具有通常的惯性和动量——但没有重力。”

现在是一点三十五分。

海斯跟着我的眼睛注视的方向看去，然后说道：“是的，只剩下三刻钟了。我得快点讲！……当然，这个古怪的行星使我思考一些问题，这些考虑加上过去发展的一些关于宇宙射线和新星的理论，终于使我得到了一个有趣的答案。”

他深深地吸了一口气：“如果你们善于想象的话，你们可以把宇宙想象成一团——嗯，一团超原子云，它……”

"对不起，"塞巴斯蒂安大声说，一边站起身来，"你是不是打算把你的说明全部建立在把恒星同原子进行类比，或把太阳系同电子轨道进行类比的基础上？"

"既然你知道是这样，又何必再问？"海斯从容地反问道。

"因为你要是这样做，我就要求立即取消你的资格。原子是微型的太阳系这种信念，是托勒密的宇宙论观念。这种观念即使在原子理论刚开始出现的时候，也从来没有被严肃的科学家所接受过。

我点点头说："这位先生说得对，这样的类比不能允许成为这种说明的一部分。"

"我反对，"海斯说，"大家一定还记得在学校里所学的初等物理和初等化学课吧，在学到气体的特性时，为了形象地说明某一点，常常把气体分子比作小台球。难道这就意味着那种气体分子就是小台球吗？"

"不是。"塞巴斯蒂安承认这一点。

"它仅仅意味着，"海斯继续说，"气体分子的特性在某些方面类似于台球。因此，研究其中一种东西的作用，就能很好地看到另一种东西的作用。好了，我现在仅仅想指出我们的恒星宇宙的一种现象，而为了容易说明起见，我把它同原子世界的一种类似的、大家熟知的现象相比拟。这并不是说，恒星就是放大了的原子。"

我被说服了。“这一点是可以接受的，”我说道，“你可以继续说明下去，但是，如果会议的主席断定你的类比站不住脚，那就要取消你的资格。”

“好吧，”海斯表示同意，“但我们还需要谈谈另一点。你们有没有人还记得一百七十年前的第一批原子能发电厂和它们是怎样工作的？”

“我相信，”利文喃喃地说，“它们是用古典的铀裂变法来发电的。它们用慢中子轰击铀，把它分裂为锝、钡、γ射线和更多的中子，从而建立了一种循环过程。”

“很对！那么，可以想象，恒星宇宙的作用——我得提醒你们，这是一种比喻：不要从字面上去理解——就像一个由铀原子组成的物体；并且，这个恒星宇宙会从外部受到某种物体的轰击，这种物体的作用在某些方面类似于中子在原子中所起的作用。

“这样一个超中子星如果击中一个太阳，就会使那个太阳爆炸而产生辐射和更多的超中子星。换句话说，这时你就会看到一颗新星。”他环顾四周，看看有没有人表示反对。

“有什么可以证明你的这种想法是正确的？”利文问道。

“有，有两点：一点是逻辑推理，一点是观测结果。首先从逻辑上说，恒星基本上是处于物质—能量平衡状态。然而，突然间，虽然没有观测到什么变化——不管是光谱上的或别的变化——恒星却爆炸了。发生爆炸就表明存在着不稳定性，但这种不稳定性从何而来呢？它不在恒星内部，因为恒星千百万年来一直处于平衡状态。这种不稳定性也不是来自银河系内部的某一点，因为新星在整个银河系中是以均匀的浓度产生的。因此，根据反证法，这种不稳定性只能来自银河系外的某一点。

“第二是观测结果。我曾经无意中发现了这些超中子星当中的一个！”

默弗里愤慨地说：“我想，你是指你发现的那颗没有重力的行星吧？”

“对了。”

“那么，是什么使你把它看作一颗超中子星呢？你不能用你的理论来进行证明，因为你已经用超中子星本身来支持你的理论了。我们不能在这里兜着圈子进行争论。”

“这一点我当然知道，”海斯倔强地说，“我将再次借助于逻辑。原子世界之所以具有内聚力，那是靠电子和质于的电磁荷。恒星世界则依靠重力才具有内聚力。这两种力仅仅在非常一般的意义上相似，但却存在着无数的小差别，例如，存在着两种电荷，正电荷和负电荷，但只存在着一种重力。我觉得，这样一种类比应该是允许的：原子世界的一个中子是一种没有原子内聚力，即没有电荷的物质；而恒星世界的超中子星则应该是一种没有恒星内聚力，即没有重力的物质。因此，如果我发现一个天体没有重力，我显然就有理由认为它是一颗超中子星。”

“你认为这是一个有说服力的科学证明吗？”塞巴斯蒂安讽刺地问道。

“我不这样认为，”海斯承认这一点，“但它是合乎逻辑的，并且同我所知道的科学事实并无抵触。它构成了对于新星的一个合乎逻辑的说明。对于我们当前的目的来说，那应该是足够了。”

默弗里使劲地看着他自己的指甲说道：“那么，你所说的那颗超中子星现在在向哪里飞呢？”

“我知道，你已经预感到我将怎样回答，”海斯忧郁地说，“这也就是我当时向我自己提出的问题。今天下午两点九分半，它将直接击中太阳，八分钟以后，爆炸所产生的辐射将使地球灰飞烟灭。”

“你为什么不把这一切报道出去呢？”塞巴斯蒂安大声地说。

“这有什么用处？对于这种情况，谁也没有任何办法。我无法控制天体的运动。地球上的一切力量都不足以使那个天体离开它的轨道。太阳系内的任何物体都逃脱不了，因为海王星和冥王星将会同其他行星一起变为气体；并且，靠星际航行也是不可能的。既然一个人不能无所依附地独立存在于宇宙空间，他就注定是在劫难逃了。

“为什么要把这一切讲出去呢？在我说服人们相信死

亡的证明书已签署了以后，会产生什么结果呢？会出现大量的自杀，无数的犯罪活动，纵酒狂欢，求神拜佛，巡回说教，以及你所想象得出的一切坏事和蠢事。说到头来，从死亡中产生新星也不坏阿！在一瞬之间，我们的宇宙就澄清了。两点十七分时，你还在这里；而在两点十八分时，你已经变成一团稀薄的气体。巳得这样迅速而容易，那简直不能算是死亡啊。”

海斯讲到这里，会场上出现了一段较长时间的沉默。我感到不安。过去有过许许多多的瞎吹，但这次听起来倒像是真事。海斯的嘴唇没有一点古怪的举动，他的眼睛里也没有露出一线希望的微光。他像死一般地严肃。我能看出别人也有与我相同的感觉。利文的手在发抖，把他的那杯酒一饮而尽。

最后，塞巴斯蒂安大声地咳嗽，然后问道：“你发现这颗超中子星有多长时间了？在哪里发现的？”

“十五年以前，在离太阳十亿多英里的地方。”

“从那时到现在，它一直在向太阳飞去吗？”

“是的，它以每秒二英里的速度向太阳飞去。”

“好，我可抓住你了！”塞巴斯蒂安宽慰地笑了，“为什么天文学家们在这整段时间内都没有探测到它呢？”

“我的天，”海斯不耐烦地回答说，“很明显，你不是一位天文学家。哪有这样的蠢人，明明知道只有在黄道才找得到行星，却偏偏要向南天极去寻找？”

“但是，”塞巴斯蒂安指出，“对这个区域同样做过了研究，而且拍摄了照片。”

“当然啰！就我所知，超中子星曾被拍摄过上百次——如果你愿意的话，也不妨说有上千次——尽管南天极是被观测得最差的天区。但是，怎样去区别一颗行星和一颗恒星呢？由于超中子星具有很低的反照率：它从来没有超过十一等星的亮度。总而言之，要测定任何一颗行星都是非常困难的。例如，天王星在被探测到很多次以后，谢尔才认识到它是一颗行星。至于冥王星，则是经过多年的观测和计算才找到的。还要记住，要是冥王星没有重力，就不能够造成行星的摄动，那么，它就会失去它那最明显的存在的迹象了。”

“但是，”塞巴斯蒂安绝望地坚持说，“当它接近太阳的时候，它的可视大小将会增大：通过望远镜就应该会看到一个可见的圆盘啊。即使它反射的光很微弱，它也肯定会遮住它后面的星星的。”

“确实如此，”海斯承认说，“我不想说真正彻底地测绘极区天体图不能把它揭示出来，但是做这种绘制工作已经是很久以前的事了，而当前对于新星和特殊光谱型等等的粗略研究，也决不能说是彻底的。当超中子星接近太阳时，它仅仅在黎明和黄昏时才出现——以昏星和晨星的形式出现——因此，观测就困难得多。所以，事实上就一直没有观测到这颗行星——而这是我们应该预料到的。”

会场上再一次出现了沉默。我开始感觉到我的心脏在剧烈地跳动。现在是两点整，而我们还没有可能动摇海斯的故事。我们必须尽快证明这个故事是一个谎言，否则，我们就会死于惶恐不安。我们全都在注视着电钟。

利文反驳说：“这倒是一个可怕而古怪的巧合：超中子星竟会直接向太阳飞去。有什么偶然性能够阻止它吗？要记得，如果出现这种偶然性，那就等于说这个故事是不真实的了。”

我插了一句：“这是一个不合逻辑的反驳，利文先生。仅仅希望它不可能，不管这种希望有多大，都是不够的。只有提出绝对不可能性或者故事的内容自相矛盾，才能构成取消资格的理由。”

但是海斯摆了摆手。“好吧，我来回答。拿一颗超中子星和一颗恒星来说，它们面对面地碰撞的机会是无限小的。然而，从统计学上说，如果你把足够多的超中子星射向宇宙空间，那么，只要有足够长的时间，每个恒星都应该迟早会被击中。宇宙空间肯定有许多超中子星在游动着，比如说，每千立方秒差距（秒差距是距离单位，等于3.26光年）有一颗超中子星。因此，不管恒星之间的距离是多么大以及目标相对说来是多么小，每年光是在我们的银河系内就出现二十颗新星，也就是说，在超中子星和恒星之间，每年要发生二十次碰撞。

“这种情况同用普通的中子轰击铀确实没有什么不同。在上亿个中子当中，可能只有一个中子能击中铀原子核，但是只要有足够长的时间，每个铀原子核最终都会爆炸。如果在宇宙以外有一种意志在引导这种轰击——请注意，这纯属假说，而不是我的论点的一部分——那么，我们的一年对它来说大概远远不到一秒钟。对于它来说，这种轰击在它的几秒钟内就要发生几十亿次。也许目前能量正在朝一个极点发展，到了那时，构成宇宙的物质全都会热到变成气态——或者说任何物体都会变成气态。你们知道，我们这个宇宙正在膨胀，就像是气体那样。”

“不过，对于进入我们太阳系而直接向太阳飞去的那第一颗超中子星，似乎——”利文无力地、口吃地说。

“老天爷，”海斯打断了利文的话，“谁告诉你这是第一颗超中子星？在过去的地质年代，也许已经有好几百颗超中子星穿过了我们的太阳系。近千年来，也许又有一两颗超中子星穿过我们的太阳系。可我们怎能知道呢？即使有一颗超中子星直接向太阳飞去，天文学家们也发现不了它。也许这是人们发明了望远镜以来（当然也可能要从更早的时候算起），唯一的一颗通过太阳系的超中子星……决不要忘记，没有重力，超中子星就能够径直穿过太阳系，而不影响其他行星。只有当它击中了太阳，才会留下记录，但那就一切都完了。”

他看了一下电钟。“两点五分了！我们应该看到，这颗超中子星现在正好直对着太阳。”他站起来，拉起窗帘。黄色的阳光射了进来，我离开那道显出灰尘的光束。我的嘴像沙漠里的沙子那样干。默弗里在擦额上的汗水，但汗珠仍在沿着他的面颊和他的脖子往下流。

海斯拿出几条曝光的胶片分给大家。“我都准备好了，你们瞧。”他拿起一条胶片，眯着眼睛透过胶片看着太阳。“就在那里，”他心平气和地说，“我的计算表明，在这颗超中子星与太阳碰撞时，它应该处于中天，很容易看到！”

我也在看着太阳，同时感到一阵心慌。果然，在太阳的亮光下，可以很清楚地看到一个又小又圆的黑点。

“为什么它不会气化呢？”默弗里结结巴巴地说，“它一定已经进入太阳的大气中了。”我认为他不是在反驳海斯的故事。他已经不想反驳了，现在他是在老老实实地寻找解释。

“我告诉过你，”海斯解释说，“它对于太阳的所有辐射几乎都是透明的。它只能把它所吸收的辐射变成热，但那只是太阳的全部辐射中的一个很小的百分数。此外，它不是普通的物质，它大概比地球上的任何东西都更耐熔。而太阳的表面温度只不过是摄氏六千度。”

他用拇指指着肩膀后的电钟说道："现在是两点九分半，先生们。超中子星已击中太阳，死亡正在朝我们走来。我们只剩下八分钟了。"

这是一片难以忍受的恐怖，我们都哑口无言。我耳边响起了海斯的声音："经过水星了，"停了几分钟以后，"经过金星了！"最后他说，"还剩三十秒钟，先生们！"

时间在一秒钟一秒钟地爬过，三十秒终于过去了，另一个三十秒，又过去一个三十秒……

在海斯的脸上，惊慌的神色在增长和扩展。他举起电钟，凝视着它，然后透过另一只手拿着的胶片再一次观察着太阳。

"事情过去了！"他转过身来朝着我们说，"那简直是不可相信的。我曾经考虑过这一点，但我不敢把它太多地同原子相类比，大家知道，并不是所有的原子核在被一个中子击中后都爆炸。有的原子核，例如镉原子核，就像海绵吸水一样，把中子一个个都吸收了。我——"

他再一次停了一会儿，深深地吸了一口气，继续沉思地说："甚至连最纯的铀块也含有微量的其他元素。在有亿万个表现得像铀一样的恒星的宇宙里，有微不足道的百万个像镉一样的恒星又算得了什么——等于零！然而，我们的太阳正好就是这种像镉一样的恒星当中的一个！人类决不应该忘了这一点！"

他继续往下讲，但我们大家终于松了一口气，不再听他的了。我们以半歇斯底里的方式，在热烈的欢呼声中选举了。海斯担任终身会长，并且把他讲的故事评为人们所讲过的谎言中最大的弥天大谎。

但有一个问题还在烦扰着我。不错，海斯很适合于他的位置；这个学会比过去任何时候都更为成功。但我认为，其实本来应该取消他的资格的，因为他所讲的故事只符合第二个条件——听起来象是真实的——但我认为它不符合第一个条件。

我认为这个故事是真实的！

（陈养正/译）

被偷换的黄金有多少？

［日本］板仓圣宣

有一天，当伽利略又一次重读了阿基米德的《浮力论》之后，他深有感触地想："阿基米德真是一个出色的学者啊！"

"杠杆原理，各种不同形状物体重心的求法，球体和圆柱体体积的计算法，圆周率的精密求法，抛物线和螺线性质的研究，各种新兵器的发明，还有浮力原理……"伽利略想着阿基米德的一件件研究工作："这一切是多么出色啊！"

伽利略对阿基米德的工作真是钦佩得五体投地了。

"我是不是也能成为像阿基米德那样出色的学者呢？"伽利略叹了一口气，想着："那些重要的东西是不是已被阿基米德发现完了呢？"他两手叉在桌上，不知不觉地想起了阿基米德很久很久以前进行研究时的情形……

青年时代的伽利略

伽利略(1564—1642年)是大约四百年前意大利的一个大学生。他好不容易才进了比萨大学的医学系，可是中途退学了。后来，他拜一位有名的数学家为师，向他学习数学和自然科学。在那个时代，大学里有医学系和法学系，可没有物理系和工程系，因此，想学习数学和机械技术的人，只能靠自己刻苦用功了。

青年时代的伽利略最景仰的学者是古希腊的阿基米德。阿基米德出生于公元前287年前后，死于公元前212年，是两千两百年前的一个非常活跃的学者。阿基米德有许多重大的发现，其中最著名的是“浮力原理”的发现。在阿基米德所写的书当中，伽利略认为最好的一本就是阐述浮力原理的《浮力论》。

王冠之谜的故事

伽利略想起了一千八百年前阿基米德解决“王冠之谜”的故事。

事情发生在阿基米德所居住的叙拉古国(一个城市国家，位于现在意大利南部的西西里岛上)的宫殿里。有一次，国王让一名匠师用纯金做一个王冠。这个王冠做好以后，有人传说它不像是用纯金做的。国王周围的人把王冠拿在手中时，总觉得它不像是用纯金做的，心想："如果是纯金，按理应该更重一些，可是现在却感觉不到那个分量。"

"肯定只有表面是金子，而里面是用银子做的。"

"对，对，一定是匠师耍了花招。"

这样的议论悄悄地传开了。读者们也许没有拿过大的金块和银块，但肯定拿过用铁和铝等做的东西吧。单凭手的感觉，我想，大多数人都能立即辨别出哪个是铁的，哪个是铝的。即使表面涂上油漆，也能分辨出来。同样是一立方厘米体积，铝的重量是二点七克，铁是七点九克，铅是十一点三克，银是十点五克，金是十九点三克。相比之下，金和银的重量几乎差一倍。因此，拿惯金子、银子的人，只要把王冠拿在手里，也就大体上能知道它是否全部用金子做的。可是不管怎么说，由于拿不出什么明显的证据，谁也没有向国王提过这件事，而只是偷偷地议论着。

但是，不久以后，这些背后的议论被国王知道了。这下可不得了，国王大发雷霆。如果像人们传说的那样，王冠不用纯金做的，那就是匠师欺骗了国王；如果王冠确实是用纯金做的，那么，那个散布"王冠是假货"的人就会成为故意破坏国王尊严的罪人。

于是，国王马上就把那个匠师叫来，问道：

“你还记得吗，我曾给你XX克的纯金，命令你用它来做王冠？……”

“是的，是的，我已经把那些黄金全部用来做王冠了。把王冠称一称，就可以知道了。……”匠师回答道。

于是，王冠被放在秤上称了一下。果然，正如匠师所说的：它的重量恰好是国王所给纯金的重量。

这样一来，那些说“王冠不是纯金做的，肯定是掺了银”的人就要被当成坏人了。因此，国王身边的人都着了慌。

“不过，陛下，匠师也许会把一部分纯金换成银，而又做成一样重。”

“哦，也有可能。但是，你怎么知道呢？你是不是把王冠掰开看过里面呢！”

国王这么一讲，谁也不敢再吱声了。其实，国王自己也感到“这个王冠要说是纯金的，似乎有点不够那沉甸甸的量”。不过，要把为了祭神而特地费了很大工夫做出的这个王冠随随便便地毁掉，也是不行的。

阿基米德出场

“诸位，没有什么好主意了吗？”当苦于想不出办法的大臣这样问的时候，有个人说："是不是可以找阿基米德商量一下，看看他有什么主意？"这样，阿基米德就被牵扯到这个故事中来了。

跟阿基米德商量的是这样一个问题："能不能不损坏王冠，而确定它究竟是纯金做的，还是掺了银的？"

阿基米德当时没有立即想出好主意。据传说，他边想着这个问题，边走到公共澡堂去了。

那时，在澡堂里，热水满满地装满了澡盆。

"我一进澡盆，热水就要流到外面。真可惜啊，要流掉像我的身体那么多的水呢！"阿基米德边想边跨进了澡盆。"我知道了！"突然，他喊了一声。接着，他便光着身子走出澡堂，一边高声喊着"我知道了！我知道了！"一边飞也似地跑回家里。

阿基米德的解答

阿基米德的这个故事，记载在古代一位名叫维特鲁维的优秀工程师所写的名著《论建筑》一书中。伽利略也读过这本书，书中写道：

> 据传说，阿基米德从这个发现（即把物体放进水里以后，会排出和它的体积同样多的水）得到启

发，就试着按下面的办法去做。首先，拿一块纯金，称一下它的重量；其次，取重量与它相等的银，做成一个银块。然后，把银块放进一个盛满水的容器中，看看有多少水排出来。接着，对金块也做了同样的试验。他发观，虽然金块和银块一样重，可是银块排出的水却多得多。

于是，阿基米德拿了与王冠重量相等的纯金块，放进盛满水的容器里，查一下有多少水排出；再把王冠放进盛满水的容器里，看一看怎么样。结果发观，王冠排出的水比纯金块排出的水多得多。这样，他就清楚地知道那个王冠不是用纯金做的。(引自维特鲁维的《论建筑》第九册序)

不用说，那个匠师当然受到了非常严厉的惩罚。

伽利略的问题

伽利略非常喜欢这个故事。这大概是因为它说明了，科学能发挥多么大的作用。伽利略只要一想起阿基米德兴高采烈地跑回家时的喜悦心情，就总是感到非常高兴。可是他对这个故事的后一部分却不太满意。为什么呢？因为按照这个方法，需要把金块、银块和王冠放进水里，然后测量所排出的水的体积。可是实际上，要精确测量所排出的水的体积是非常困难的。换句话说，从实验的角度看，这个方法是不够严密的。伽利略想："如果真的是阿基米德，他在数学上一定会做得严密得多的。"他知道，阿基米德写的书，不管哪一本，在数学上都是非常周密严谨的。因此他想：如果是阿基米德的话，他一定会做一个更加精确的实验，并且清楚地查出，做王冠用金子有百分之几的重量被偷换成了银子。

伽利略独自在思量："如果是阿基米德的话，肯定会这样做的！"于是，他想自己动手做做看。他开始考虑到了用阿基德发现的"杠杆原理"和"浮力原理"来正确地揭开王冠之谜的方法。

各位读者，你们是怎样想的呢？要既不损坏王冠，又不把王冠、金块、银块等放进水里来测量排出的水的体积，而查出百分之几的金子被换成银子，这是不是可能呢？认为能找这样一种方法的人，最好自己先好好地思考一番。

年轻的伽利略最后总算想出了这种方法，并把他的这个想法写成一篇短文，题目叫《小秤》。这是伽利略有生以来第一次写的论文。伽利略的《小秤》虽然很简单，但它是以阿基米德所发现的"杠杆原理"和"浮力原理"为基础的。因此，要想正确地理解《小秤》的内容，除了需要知道"杠杆原理”以外，还必须懂得“浮力原理”。伽利略在写那篇论文时，为了让那些不知道“浮力原理”的人能看懂，就先对“浮力原理”作了解释说明。读者在学了“浮力原理“之后，就能清楚地知道年轻的加利略为什么会那样迷上阿基米德。

（何益权/译）

附录

全新版·语文新课标必读丛书
编委会成员简介

（以姓氏笔画为序）

张秋生：著名儿童文学作家，诗人，编辑家。中国作家协会会员。

金　波：著名诗人，儿童文学作家、评论家，首都师范大学教授，国家教材审定委员会语文审查委员。

徐　鲁：著名作家，书评家，湖北省作家协会副主席。

梅子涵：著名作家，阅读推广人，上海师大儿童文学博士生导师。

葛翠琳：著名儿童文学作家，冰心儿童图书奖创立人之一。

董宏猷：著名作家，湖北省作家协会副主席。中国作家协会会员。

王　林：人民教育出版社小学语文教材编辑，著名阅读推广人。

阿　甲：著名阅读推广人，红泥巴网站创始人。

杜　蕾：策划编辑，编辑出版过多种优秀儿童图书。

徐　榕：上海市浦东教育发展研究院副编审，著名阅读推广人。

徐冬梅："亲近母语"创始人，著名儿童阅读推广人。

丁慈矿：上海交通大学子弟小学语文教师，著有《小学对课》等。

刘曙光：湖北省黄冈中学语文骨干教师。主编过多套语文教研资料和教学辅助读物。

余　耀：小学高级教师，江苏省扬州市东关小学副校长。著名儿童阅读推广人。著有《由图画书爱上阅读》。

周益民：江苏省特级教师，著名阅读推广人，著有《步入诗意的丛林》等。

周其星：广东省深圳中央教育科学研究所南山附属学校教师，著名儿童阅读推广人。

屈小青：湖北省武汉市育才小学教师，著名儿童阅读推广人。

岳乃红：江苏省扬州市维扬教研室教师，著名儿童阅读推广人。

郑巍巍：浙江省宁波市北仑区淮河小学校长，著名儿童推广人。

金晓芳：浙江省义乌市教育局教研室小学语文教研员，小学语文教学游戏研究专家。

袁晓峰：深圳市南山区后海小学校长。人民教育出版社新课标语文教材编写专家。国际儿童读物联盟中国(CBBY)深圳地区分区秘书长。

薛瑞萍：网名看云，安徽省合肥市第62中学小学部语文教师，著名儿童阅读推广人。著有《心平气和的一年级》等。

敬启

入选本书的作品中，尚有部分著作权人（作者与译者）虽经我们多方努力，仍未取得联系。在此谨向这些著作权人（作者与译者）表示歉意和感谢，并望鉴谅，请尽快与我们联系，以便奉上样书和稿酬。

海豚传媒股份有限公司编辑部

海豚传媒股份有限公司编辑部
邮编：430070
地址：武汉市武昌雄楚大街268号出版文化城c座
电话：027-87296665-830